As leis do caos

FUNDAÇÃO EDITORA DA UNESP

Presidente do Conselho Curador
Mário Sérgio Vasconcelos

Diretor-Presidente
Jézio Hernani Bomfim Gutierre

Superintendente Administrativo e Financeiro
William de Souza Agostinho

Conselho Editorial Acadêmico
Carlos Magno Castelo Branco Fortaleza
Henrique Nunes de Oliveira
João Francisco Galera Monico
João Luís Cardoso Tápias Ceccantini
José Leonardo do Nascimento
Lourenço Chacon Jurado Filho
Paula da Cruz Landim
Rogério Rosenfeld
Rosa Maria Feiteiro Cavalari

Editores-Adjuntos
Anderson Nobara
Leandro Rodrigues

Ilya Prigogine

As leis do caos

Tradução
Roberto Leal Ferreira

© 1993 Gius. Laterza & Figli
This translation published by arrangement with Eulama Literary Agency
Título original em italiano: *Le leggi del caos*.

© 2000 da tradução brasileira:
Fundação Editora da UNESP (FEU)
Praça da Sé, 108
01001-900 – São Paulo – SP
Tel.: (0xx11) 3242-7171
Fax: (0xx11) 3242-7172
www.editora.unesp.br
www.livrariaunesp.com.br
feu@editora.unesp.br

Dados Internacionais de Catalogação na Publicação (CIP)
(Câmara Brasileira do Livro, SP, Brasil)

Prigogine, Ilya
  As leis do caos / Ilya Prigogine; tradução Roberto Leal Ferreira.
– São Paulo: Editora UNESP, 2002.

  Título original: Le leggi del caos.
  Bibliografia
  ISBN 85-7139-416-4

  1. Caos quântico 2. Comportamento caótico em sistemas
3. Espaço e tempo 4. Física – Teoria 5. Teoria quântica I. Título.

02-4784   CDD-530.12

Índice para catálogo sistemático:
1. Mecânica quântica: Teoria do caos: Física 530.12

Editora afiliada:

Asociación de Editoriales Universitarias
de América Latina y el Caribe

Associação Brasileira de
Editoras Universitárias

Sumário

Introdução 7

Capítulo 1 11

Capítulo 2 17

Capítulo 3 33

Capítulo 4 47

Capítulo 5 55

Capítulo 6 61

Capítulo 7 67

Capítulo 8 73

Capítulo 9 79

Apêndice
Teoria espectral e caos 87

Introdução

Nas conclusões de sua obra *The character of Physical Law* [O caráter das leis físicas], Richard P. Feynman se pergunta: qual será o futuro da ciência? Continuaremos para sempre a descobrir novas leis? Ele duvida disso: isso poderia até tornar--se aborrecido e chegaríamos, conclui Feynman, a um ponto em que todas as leis, pelo menos as que determinam o essencial dos fenômenos, seriam conhecidas. Não se redescobre a América.[1]

Esse conceito de um "fim da ciência" pode ser encontrado em muitas outras obras escritas por físicos importantes. Em seu livro *Uma breve história do tempo* – Do *big-bang* aos buracos negros, por exemplo, o cosmólogo inglês Stephen Hawking prevê o advento de uma teoria unificada que nos permita decifrar "a mente de Deus".[2]

---

1 Richard P. Feynman, *The Character of Physical Law*, Cambridge: MIT Press, 1965.

2 S. Hawking, *A Brief History of Time*. From the Big-Bang to Black Holes, New York: Bantam Books, 1988 [ed. bras.: *Uma breve história do tempo* – Do *big--bang* aos buracos negros. São Paulo: Rocco, 2002].

A tese exposta neste livro adota uma perspectiva diferente. A noção de lei da natureza, tal como é formulada por Feynman ou Hawking, refere-se a um universo fundamentalmente reversível, que não conhece diferença entre o passado e o futuro.

A física, de Galileu a Feynman e Hawking, repetiu a mais paradoxal das negações, a da *seta do tempo*, que, porém, traduz a solidariedade da nossa experiência interior com o mundo em que vivemos.

As ciências do devir e a física do não equilíbrio foram relegadas à fenomenologia, quase reduzidas a efeitos parasitas que o homem introduz nas leis fundamentais. Começávamos, por fim, a entrever a possibilidade de resolver esse paradoxo: a sua solução passa por uma generalização do conceito de leis da natureza. Ao longo das últimas décadas, um conceito novo tem conhecido um êxito cada vez maior: a noção de instabilidade dinâmica associada à de "caos". Este último sugere desordem, imprevisibilidade, mas veremos que não é assim. É possível, porém, como constataremos nestas páginas, incluir o "caos" nas leis da natureza, mas contanto que generalizemos essa noção para nela incluirmos as noções de probabilidade e de irreversibilidade. Em suma, a noção de instabilidade obriga-nos a abandonar a descrição de situações individuais (trajetórias, funções de onda) para adotarmos descrições estatísticas. É, pois, no plano estatístico que podemos evidenciar o aparecimento de uma simetria temporal quebrada.

Como já disse, a formulação tradicional das leis da natureza contrapunha as leis fundamentais *atemporais* às descrições fenomenológicas, que incluem a seta do tempo. A reconsideração do "caos" leva também a uma nova coerência, a uma ciência que não fala apenas de leis, mas também de eventos, a qual não está condenada a negar o surgimento do novo, que comportaria uma recusa da sua própria atividade criadora.

Conhecemos hoje diversas classes de sistemas instáveis, desde transformações geométricas (mapas) que operam em tempos discretos até sistemas dinâmicos ou quantidades em que o tempo age de modo contínuo. É maravilhoso que atualmente a descrição fundamental aceita pela física, como veremos nestas páginas, se faça em termos de sistemas instáveis.

No âmbito deste livro, não é possível apresentar uma exposição sistemática dos problemas ligados à noção de instabilidade e de sua ligação com a irreversibilidade. A minha ambição é oferecer um olhar introdutório à exposição que estou desenvolvendo em meu próximo livro, *Time, Chaos and the Quantum* [*Tempo, caos e quantum*].

Toda nova teoria física encontra expressão numa formulação matemática original, que também aqui está presente: isso poderia suscitar algumas dificuldades na exposição, uma vez que é meu desejo que este livro seja acessível a um público mais amplo, composto não apenas por físicos teóricos. E, no entanto, a matéria exige um mínimo de rigor: trata-se de uma mudança de perspectiva que deve ser justificada e analisada.

Neste texto, só analisei exemplos simples (essencialmente "mapas") e me limitei a fazer observações qualitativas sobre o objeto dos sistemas dinâmicos propriamente ditos (clássicos ou quânticos). Também reduzi ao mínimo o recurso ao aparato matemático. No Apêndice, ao contrário, escrito em colaboração com o doutor I. Antoniou, a quem faço questão de agradecer profundamente pela ajuda que me prestou, é apresentada uma exposição mais sistemática do formalismo matemático.

Uma vez que o que aqui expus foi originalmente apresentado em algumas conferências, não quis tornar mais pesado o texto com demasiadas referências bibliográficas, que, porém, são mencionadas nas notas.

Concluindo esta introdução, gostaria de exprimir minha gratidão aos organizadores das conferências de Milão, e em especial à senhora Lorena Preta e ao professor Giulio Giorello, em cuja cátedra de Filosofia da Ciência tive a possibilidade e o prazer de falar em público. Conservo uma agradável lembrança da atmosfera de interesse e de amizade que encontrei em Milão.

Agradeço também aos meus colegas I. Antoniou, P. Nardone e S. Tasaki a contribuição prestada por ocasião da organização dessas conferências.

Capítulo 1

Um título como *As leis do caos* pode parecer paradoxal. Existem leis do caos? O caos não é, por definição, "imprevisível"? Veremos que não é assim, mas a noção de caos nos obriga, em vez disso, a reconsiderar a de "lei da natureza". Na perspectiva clássica, uma lei da natureza estava associada a uma descrição determinista e reversível no tempo, em que o futuro e o passado desempenhavam o mesmo papel. A introdução do caos obriga-nos a generalizar a noção de lei da natureza e nela introduzir os conceitos de probabilidade e de irreversibilidade. Trata-se, nesse caso, de uma mudança radical, pois, se quisermos mesmo seguir essa abordagem, o caos nos obriga a reconsiderar a nossa descrição fundamental da natureza. Realmente, não pode ser a tarefa deste livro apresentar uma exposição sistemática da teoria do caos. Por outro lado, existem várias obras que o leitor pode consultar, mas o que gostaria de ressaltar nesse contexto é o papel fundamental do caos em todos os níveis de descrição da natureza, quer microscópico, quer macroscópico, quer cosmológico.

Hoje se fala de caos a respeito dos fenômenos mais díspares. Por exemplo, associa-se o caos à turbulência com que escorrem os fluidos: queremos logo deixar claro que não são esses aspectos que trataremos aqui. Antes de tudo, estamos interessados no caos tal como resulta das equações dinâmicas clássicas ou quânticas que, na esfera de nossos conhecimentos, correspondem à descrição microscópica fundamental. Sem dúvida, desse caos pode resultar o caos macroscópico, mas voltaremos a esse conceito mais adiante. A nossa atenção concentra-se sobretudo na chamada descrição "fundamental" do comportamento da matéria.

O caos é sempre a consequência de fatores de instabilidade. O pêndulo, na ausência de atrito, é um sistema estável, mas, curiosamente, a maior parte dos sistemas de interesse para a física, quer de mecânica clássica quer de mecânica quântica, é de sistemas instáveis. Neles, uma pequena perturbação amplifica-se, e trajetórias inicialmente próximas divergem. A instabilidade introduz novos aspectos essenciais.

Examinaremos, portanto, sobretudo a incidência dessa instabilidade sobre os conceitos fundamentais – o determinismo, a irreversibilidade e até os fundamentos da mecânica quântica – e vamos demonstrar, como todos esses problemas ganham uma nova luz. É por isso que, quando se leva em consideração o caos, pode-se falar de uma reformulação das leis da natureza. O que está em jogo é de importância primordial.

Atualmente, a ciência desempenha um papel fundamental em nossa civilização e, no entanto, para usar uma conhecida expressão introduzida por Snow, ainda vivemos numa sociedade cindida entre duas culturas, e a comunicação entre os membros de cada uma delas permanece difícil. Qual é a razão dessa dicotomia? Muitas vezes se sugeriu que se trata de um problema de conhecimento. As ciências básicas exprimem-se em termos matemáticos. Os "cientistas" não lêem Shakespeare e os "humanistas" são insensíveis à beleza da matemática.

Creio que essa dicotomia viva de uma motivação mais profunda e se baseie no modo como a noção de tempo é incorporada em cada uma dessas duas culturas.

Nas ciências naturais, o ideal tradicional era alcançar a certeza associada a uma descrição determinista, tanto que até a mecânica quântica persegue esse ideal. Ao contrário, as noções de incerteza, de escolha e de risco dominam as ciências humanas, quer se trate de economia, quer de sociologia.

É o modo de descrever o curso do tempo que distingue as duas culturas. Poder-se-ia mesmo pensar em distingui-las pela complexidade de seu objeto: a física ocupar-se-ia então dos chamados fenômenos *simples*, e as ciências humanas, dos fenômenos *complexos*. Mas hoje em dia a diversidade entre fenômenos simples e complexos tem-se reduzido. Sabemos que as chamadas partículas elementares e os problemas de cosmologia correspondem a fenômenos extremamente complexos, que hoje têm bem pouco a ver com as ideias existentes a seu respeito há poucas décadas. Foi, porém, possível estabelecer modelos simples para descrever, de modo esquemático, mas também interessante, problemas considerados tradicionalmente complexos, como o funcionamento do cérebro ou o comportamento das sociedades de insetos. Assim, atualmente, a distinção baseada na ideia de complexidade parece menos clara do que antes.

Estou completamente de acordo com Karl R. Popper quando afirma que o problema central, que está na base da dicotomia entre as duas culturas, é o do tempo. O tempo é a nossa dimensão existencial e fundamental; é a base da criatividade dos artistas, dos filósofos e dos cientistas. A introdução do tempo no esquema conceitual da ciência clássica significou um enorme progresso. E, no entanto, ele empobreceu a noção de tempo, pois nele não se faz nenhuma distinção entre o passado e o futuro. Ao contrário, em todos os fenômenos que percebemos ao nosso redor, quer pertençam à física macroscópica, à química, à biologia, quer às ciências humanas, o futuro e o passado desempenham papéis diferentes. Em toda parte deparamos com uma "seta do tempo". Portanto, coloca--se a pergunta de como essa seta possa surgir do não tempo. Será talvez uma ilusão o tempo que percebemos? É essa interrogação que leva ao "paradoxo" do tempo, que é o cerne deste meu trabalho.

A história do paradoxo do tempo pode ser subdividida em três etapas. A tomada de consciência no fim do século XIX, o seu inesperado reaparecimento nas últimas décadas e a sua muito recente solução, o tema principal de que tratarei aqui. É a esse respeito que as noções de instabilidade e de caos assumem um papel essencial.

Não ignoro a dificuldade de expor essas questões num contexto tão restrito, dado que a solução do paradoxo do tempo está ligada a problemas matemáticos novos e apaixonantes, mas difíceis de descrever sem um vocabulário apropriado. Isso requer, portanto, um esforço simultâneo, tanto da parte do autor quanto do leitor.

Voltemos, porém, primeiro à posição tradicional. É possível contrapor "ser" e "devir" como contrapomos "verdade" e "ilusão"? Essa era, como é notório, a posição de Platão e é também a da física clássica, cuja ambição era descobrir o que permanece imutável para além da mudança aparente. A noção de evento ficava excluída dessa descrição, e por isso a ambição de desembocar numa física sem eventos sempre topou com grandes dificuldades. Já Lucrécio se viu obrigado a introduzir a noção de *clinamen*, que perturba a queda dos átomos no vazio, para permitir o aparecimento de novidades. Da mesma forma, dois mil anos depois, num famoso artigo de Einstein que descreve a emissão espontânea de luz, lemos que o tempo de emissão dos fótons é determinado pelo acaso. Eis aí um paralelismo certamente imprevisto, quando se pensa que Lucrécio e Einstein estão separados pela maior revolução da história das nossas relações com a natureza, ou seja, o nascimento da ciência moderna.

A ciência moderna baseia-se, pois, na noção de "leis da natureza". Estamos tão acostumados com ela que para nós se tornou algo como um truísmo, e, no entanto, ela encerra implicações muito profundas. Uma dessas características essenciais consiste precisamente na eliminação do tempo. Sempre pensei que em tudo isso o elemento teológico tivesse desempenhado um papel importante. Para Deus, tudo é dado; novidade, escolha ou ação espontânea dependem do nosso ponto de vista humano, ao passo que aos olhos de Deus o presente contém o futuro assim como o passado. Sob essa óptica, o estudioso, graças ao conhecimento das leis da natureza, aproxima-se progressivamente do conhecimento divino. Sem dúvida, é preciso dizer que esse programa teve um êxito extraordinário, tanto que muitas vezes pareceu ter-se chegado à sua realização completa.

A física clássica baseava-se no estudo da gravitação e do eletromagnetismo; a física moderna acrescentou a ela outros tipos de interação. Um dos problemas presentes no programa da física moderna é o da unificação das interações. Não raro se manifestou o desejo de descobrir uma única lei a partir da qual fosse possível derivar todas as outras. Essa esperança estava na base do estudo de Einstein sobre a teoria do campo unificado e ainda constitui o tema central do recente livro de Stephen W. Hawking *Uma breve história do tempo* – Do *big-bang* aos buracos negros, já citado na Introdução. E, no entanto, a unificação das interações está muito longe de ser o único problema ainda a ser resolvido hoje: desde o século XIX, o surgimento de ciências baseadas em paradigmas diversos abrira outras perspectivas. A biologia darwiniana e a termodinâmica são ciências da evolução. A termodinâmica é a ciência da era industrial, mas posteriores e rápidas transformações das nossas relações com a natureza começavam a se tornar motivo de profunda ansiedade. Na verdade, o perigo que ameaçava a humanidade era o esgotamento dos recursos naturais, como se o universo estivesse condenado a evoluir na direção da morte térmica.

Depois de Darwin, a biologia é a expressão de um paradigma evolucionista, mas o darwinismo insistia no surgimento de novidades, novas espécies, novos modos de adaptação e novos nichos ecológicos, enquanto a visão termodinâmica só falava de nivelamento e de morte térmica. O universo teria começado a se formar num nível muito baixo de entropia, correspondente a uma "ordem" inicial, para chegar, depois de um período suficientemente longo, à morte térmica.

Mas em que consistia a ordem inicial? É verdade que o único fator previsível do universo é a sua morte? Voltaremos ainda a essas questões, que representam o núcleo da cosmologia atual. De qualquer forma, o surgimento dos paradigmas evolutivos contribuiu para trazer de volta o paradoxo do tempo ao domínio da ciência, pois por um lado, na ciência newtoniana, não existia uma seta do tempo, e por outro, o conceito de irreversibilidade é essencial tanto para a termodinâmica quanto para a biologia.

Capítulo 2

O primeiro cientista que enfrentou o paradoxo do tempo foi o físico austríaco Ludwig Boltzmann (1884-1906), o qual, em 1872, tentou dar uma justificação dinâmica "microscópica" para a seta do tempo da termodinâmica. Mas seus estudos depararam com críticas ásperas, que lhe reprovavam certa falta de lógica. O grande matemático Jules-Henri Poincaré (1854-1912) chegou a escrever que não podia recomendar a leitura de Boltzmann, uma vez que não podia recomendar a leitura de textos cujas conclusões estivessem em contradição com as premissas. De fato, parecia evidente que não se pudesse deduzir uma seta do tempo a partir da física clássica, ela mesma baseada na equivalência entre passado e futuro. Essas críticas levaram Boltzmann a retirar as suas posições para associar a entropia à "desordem". O esquema de Boltzmann é muito conhecido. Consideremos duas caixas ligadas por um tubo.

Coloquemos muitas partículas numa dessas caixas e poucas na outra; com o passar do tempo, esperamos um progressivo nivelamento do número de partículas: nisso consistiria a irreversibilidade. Mas, é claro, se se tratasse exclusivamente disso, seria realmente uma ilusão, pois se aguardarmos mais tempo talvez as partículas se concentrem de novo no mesmo recipiente. Nesse caso, a irreversibilidade simplesmente se deveria aos limites de nossa paciência. Esse é exatamente o exemplo que Feynman utiliza para justificar a reversibilidade das leis fundamentais da física.[1]

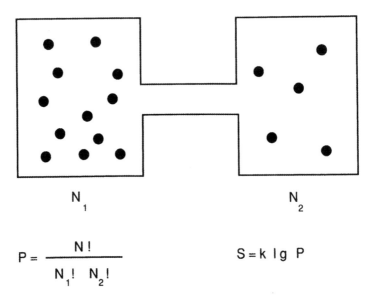

FIGURA 1 – O esquema de Boltzmann.

Essa eliminação da seta do tempo foi aceita com entusiasmo por físicos de grande peso. Einstein escreveu que o tempo como irreversibilidade é só "ilusão", e esta é a conclusão que autores famosos, como Feynman ou Hawking, formularam em suas obras já citadas. Todavia, como já apontamos em outro lugar:

---

1 R. P. Feynman, op. cit.

É melhor sublinhar imediatamente o caráter quase inconcebível dessa ideia de reversibilidade dinâmica. O problema do tempo – daquilo que o seu fluxo conserva, cria, destrói – sempre esteve no centro das preocupações humanas. Muitas formas de especulação questionaram a ideia de novidade e afirmaram a inexorável concatenação de causas e efeitos. Muitas formas de saber místico negaram a realidade deste mundo mutável e incerto e definiram o ideal de uma existência que permita escapar à dor da vida. Conhecemos, por outro lado, a importância que tinha na Antiguidade a ideia de um tempo circular, que retorna periodicamente às suas origens. Mas o próprio eterno retorno é marcado pela seta do tempo, como o ritmo das estações ou das gerações humanas. Nenhuma especulação, nenhum saber jamais afirmou a equivalência entre o que se faz e o que se desfaz, entre uma planta que cresce, floresce e morre, e uma planta que renasce, rejuvenesce e volta à sua semente primitiva, entre um homem que amadurece e aprende e um homem que se torna progressivamente criança, depois embrião e depois célula. Contudo, desde a sua origem, a dinâmica, a teoria física que se identifica com o triunfo mesmo da ciência, implicava esta negação radical do tempo. Eis o que revelou o insucesso de Boltzmann e que, antes dele, nenhum dos pensadores que, como Leibniz ou Kant, haviam feito da ciência do movimento o modelo cognoscitivo do mundo ousara reconhecer.[2]

Ao se apreciar o paradoxo do tempo, é preciso não esquecer que os físicos, desde o começo, haviam feito uma escolha relativa ao objeto de seu estudo. Poincaré, em seu livro *Ciência e método*,[3] insiste no fato de que o físico deve escolher fenômenos repetíveis, para poder estabelecer leis gerais. Atual-

---

2 I. Prigogine, I. Stengers, *Entre le temps et l'éternité*, Paris: Fayard, 1988, p.25ss. [ed. bras.: *Entre o tempo e a eternidade*, São Paulo: Cia. das Letras, 1992].

3 H. Poincaré, *Science et méthode*, Paris: Flammarion, 1908.

mente talvez não concordemos mais completamente com Poincaré, já que o que hoje nos interessa não é necessariamente o que podemos prever com certeza. Popper usa uma belíssima expressão, fala de relógios e nuvens.[4] A física clássica interessava-se antes de tudo por relógios; a física moderna, sobretudo por nuvens. Mas o ponto importante é que hoje podemos começar a ultrapassar o quadro específico que correspondia ao nascimento da ciência clássica. Podemos admirar a simplicidade do movimento dos planetas, a precisão associada aos relógios, mas também podemos reconhecer o seu caráter particular, quase único. É essa transformação do nosso ponto de vista que representa um dos temas destas páginas. Parece-me que estamos vivendo um momento privilegiado: a física chegou a um ponto de transição, abre-se a um mundo de novas interrogações e ao mesmo tempo a uma melhor compreensão da sua própria história.

Gostaria agora de passar a tratar de como o problema do tempo voltou a interessar a muitos estudiosos nas últimas décadas. Esse reaparecimento coincide curiosamente também com um momento particular da história social e política. De algum modo, percebemos o correr do tempo. Quer sejam os acontecimentos que sugerem uma nova visão da Europa Ocidental, quer sejam os acontecimentos do Leste, sentimos que estamos diante de uma "bifurcação" a que não se aplica o conceito de lei clássica da natureza; para nós, é mais difícil aceitar que a noção de evento não passe de uma ilusão. E, no entanto, era esse o conceito básico da física clássica, conceito tão profundamente arraigado em nós que chegávamos a considerar todo "evento" quase como algo anticientífico.

Quais são os grandes eventos da história do mundo? Certamente o nascimento do universo ou da vida. A esse respeito

---

4 K. R. Popper, *Of Clouds and Clocks*, Washington, 1965.

existe um conto sutil de Asimov, chamado "A última pergunta".[5] Estaremos um dia em condições de vencer o segundo princípio da termodinâmica? Eis a pergunta que um povo, de geração em geração, de civilização em civilização, propõe a um gigantesco computador, que, porém, se limita a responder repetidas vezes: "Dados insuficientes para uma resposta significativa". Passam-se bilhões de anos, as estrelas e as galáxias morrem, mas o computador conectado diretamente ao espaço-tempo continua a receber dados e a calcular. Por fim, o universo morreu, mas o computador obtém a sua resposta. Agora sabe como vencer o segundo princípio, e é nesse instante que nasce o novo mundo.

O reaparecimento do paradoxo do tempo deve-se essencialmente a dois tipos de descobertas. O primeiro consiste na descoberta das estruturas de não equilíbrio, também chamadas "dissipativas". Essa nova física do não equilíbrio foi objeto de numerosas exposições,[6] e por isso serei muito breve. Recordemos apenas que hoje sabemos que a matéria se comporta de maneira radicalmente diferente em condições de não equilíbrio, ou seja, quando os fenômenos irreversíveis desempenham um papel fundamental. Um dos aspectos mais espetaculares desse novo comportamento é a formação de estruturas de não equilíbrio que só existem enquanto o sistema dissipa energia e permanece em interação com o mundo exterior. Eis aí um evidente contraste com as estruturas de equilíbrio, como os cristais, que uma vez formados podem permanecer isolados e são estruturas "mortas", que não dissipam energia.

O exemplo mais simples de estrutura dissipativa que podemos evocar por analogia é a cidade. Uma cidade é diferente

---

5 I. Asimov, The Last Question. In: _____. *Robot Dreams*, New York: Berkeley Books, 1986.

6 Ver, por exemplo, G. Nicolis, I. Prigogine, *Self-Organization in Non-Equilibrium Systems*, New York: Wiley-Interscience, 1977.

do campo que a rodeia; as raízes dessa individualização estão nas relações que ela mantém com o campo adjacente: se estas fossem suprimidas, a cidade desapareceria.

Os dois ramos da ciência que mais estudam as estruturas dissipativas são a hidrodinâmica e a cinética química. Ademais, veio recentemente juntar-se a esses ramos a óptica do laser.

Um exemplo muito conhecido na hidrodinâmica é a instabilidade de Bénard. Essa experiência consiste na imposição de um gradiente vertical de temperatura a um estrato horizontal de fluido, até que a diferença de temperatura entre a superfície inferior e a superfície superior do estrato fique bastante grande; nesse ponto se formam no líquido turbilhões, em que bilhões de partículas correm vertiginosamente umas atrás das outras, criando estruturas características, de forma hexagonal. Assim, o não equilíbrio cria muitas correlações "de longo prazo". Quero assinalar que a matéria em situação de equilíbrio é cega, cada molécula só vê as moléculas mais próximas que a rodeiam. O não equilíbrio, pelo contrário, leva a matéria a "ver"; eis que surge então uma nova coerência. A variedade das estruturas de não equilíbrio que progressivamente vão sendo descobertas é motivo de contínuo espanto: elas mostram o papel criador fundamental dos fenômenos irreversíveis, portanto também da seta do tempo.

Tomemos um recipiente com matéria em seu interior e "isolemo-lo" do mundo. Esse sistema está para chegar ao equilíbrio. Ora, se observarmos as moléculas pelo microscópio, veremos um movimento desordenado e incessante: trata-se do "caos molecular" (que é preciso distinguir do "caos dinâmico", de que voltaremos a falar). Se abrirmos agora o sistema e fizermos nele penetrarem fluxos de energia e de matéria, a situação muda radicalmente. Por um lado, em nível microscópico, verificam-se fenômenos irreversíveis, fluxos de calor, reações químicas que levam a novas estruturas espácio-temporais impossíveis de realizar em situações de equilíbrio, por outro, o caos molecular organiza-se quebrando a simetria temporal e as simetrias espaciais.

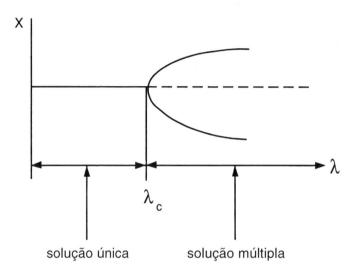

FIGURA 2 – Bifurcações.

Eis aqui dois exemplos de "estruturas dissipativas". Comecemos com os osciladores químicos. Para simplificar, representemos o sistema como formado por moléculas x e y de cores "diferentes". A imagem intuitiva que temos das colisões é que elas correspondem a choques casuais: assim, deveríamos esperar encontrar *flashes* de azul associados a x ou de vermelho associados a y. Observamos, porém, uma alternância periódica das cores vermelha e azul.

Conhecemos hoje um bom número de tais osciladores químicos. A solução oscilante, muito distante do equilíbrio, aparece a partir de um ponto de "bifurcação". Os pontos de bifurcação correspondem ao diagrama representado na Figura 2.

Dos pontos de bifurcação surgem diversas soluções, e a escolha entre elas é dada por um processo probabilístico. Repetindo a experiência em situações ideais, teremos 2,50% dos sistemas seguindo o ramo (b_1) da figura e 50% seguindo o ramo (b_2). Em geral, é claro, nascem outras bifurcações em consequência da primeira. Portanto, a evolução acontece assim por meio de uma sucessão de estádios descritos pelas leis deterministas e probabilísticas. Mesmo em nível macroscópico, probabilidade e determinismo não se contrapõem, mas se completam. A existência de bifurcações confere um caráter histórico à evolução de um sistema: a história introduz-se, portanto, já nos sistemas mais simples da química e da hidrodinâmica.

Uma propriedade notável dessas bifurcações é a sua sensibilidade, ou seja, o fato de pequenas variações nos casos dos sistemas conduzirem à escolha preferencial de um ramo em vez de outro – para isso, basta romper a simetria. A Figura 3(a) representa a bifurcação ideal, ao passo que a Figura 3(b), uma bifurcação incompleta devida à presença de um campo que rompe a simetria entre os dois ramos.

Gostaria de indicar um caso recente, particularmente propício para exemplificar os mecanismos dessa ruptura de simetria. Refiro-me a um estudo recente de Kondepudi e de seus colaboradores, intitulado *Chiral Symmetry Breaking in Sodium Chlorate Crystallization.*[7] As moléculas de clorato de sódio $NaClO_3$, ao contrário dos cristais de $NaClO_3$, são opticamente inativas, ou seja, não fazem girar o plano de polarização da luz. Existem, pois, duas formas: uma forma dextrogira e uma forma levogira. Se se resfriar uma solução de $NaClO_3$, forma-se o mesmo número de cristais levogiros ou dextrogiros, à parte algumas flutuações estatísticas. Suponhamos que se coloque na solução em curso de resfriamento um instrumento que, ao agitá-la, torne a misturá-la completamente. Neste caso, constataremos que as moléculas levam a cristais todos levogiros ou todos dextrogiros: como é possível? A escolha entre um cristal

---

7 D. Kondepudi, R. J. Kaufman, N. Singh, *Science*, v.250, p.975, 1990.

dextrogiro ou levogiro pode ser considerada em razão de uma bifurcação. No ambiente em repouso, essas bifurcações são independentes: a metade comporta-se de um modo e a outra metade, de outro. Num sistema agitado, a primeira bifurcação dá origem a uma forma dextrogira ou levogira. Por causa da agitação, os germes dos primeiros cristais difundem-se pelo ambiente. Portanto, encontraremos ou só cristais levogiros ou só cristais dextrogiros. O campo que rompe a simetria do sistema da Figura 3 é aqui produzido pela agitação.

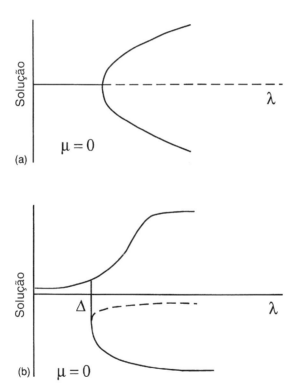

FIGURA 3 – Bifurcação incompleta. Seleção de uma bifurcação por meio de uma perturbação ligada ao campo externo μ e obtida com ruptura de simetria. A separação mínima Δ entre os ramos perturbados deve superar o distúrbio devido às flutuações.

É divertido lembrar neste contexto a importância que Pasteur atribuía à simetria molecular. Para ele, a diferença entre os cristais levogiros ou dextrogiros era essencial para se entender o fenômeno da vida. Não foi Pasteur quem escreveu: "a vida tal como se manifesta aos nossos olhos é uma função da assimetria do universo e uma sua consequência direta"? O universo é dissimétrico. Estamos atualmente em condições de compreender melhor essa afirmação, pois a ruptura de simetria, a que alude Pasteur, está ligada ao não equilíbrio, à irreversibilidade. Quanto a esta última, ela se nos mostra como uma consequência da instabilidade inerente às leis dinâmicas da matéria.

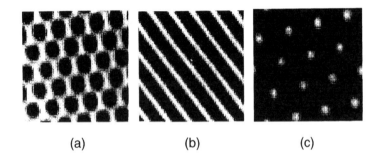

(a) (b) (c)

FIGURA 4 – Estruturas de Turing.

Agora passemos a uma outra manifestação espetacular da ruptura de simetria introduzida pela seta do tempo. Trata-se da formação das estruturas estacionárias de não equilíbrio. A formação dessas estruturas fora predita por Turing, em seu estudo fundamental de 1952[8] e aprofundada pelo nosso grupo na década de 1960;[9] contudo, no plano experimental, elas só fo-

---

[8] A. Turing, The Physical Basis of Morphogenesis, in *Philosophical Transactions of the Royal Society*, v.B/237 p.37, 1952.

[9] P. Glansdorff, I. Prigogine, *Structure, stabilité et fluctuations*, Paris: Masson, 1971.

ram observadas o ano passado [1992], nos laboratórios de Bordeaux[10] e de Austin[11] no Texas (Figura 4). A maior dificuldade experimental foi evitar as correntes de convecção que as destroem. Do ponto de vista teórico, o mais importante na observação dessas estruturas é que assim podemos verificar o aparecimento de dimensões intrínsecas devidas aos fenômenos irreversíveis. Essencialmente, a distância entre as "malhas" dessas estruturas é determinada pela relação em que $\sqrt{\dfrac{D}{k}}$ em que D é um coeficiente de difusão e k, o inverso de um tempo ligado à rapidez de reação química. Vemos, portanto, surgir toda uma nova cristalografia de não equilíbrio.

Os exemplos anteriores referem-se à formação de estruturas. Mas os processos de não equilíbrio também podiam dar origem a sinais não periódicos, mais irregulares. Fala-se então de "caos dissipativo temporal" ou caos espácio-temporal (Figura 5).

Insistimos no fato de que, do ponto de vista molecular, se trata sempre de fenômenos coletivos, que põem em jogo bilhões e bilhões de moléculas. A irreversibilidade leva a novos fenômenos de ordem. O que também é preciso recordar é que, já em nível macroscópico, assistimos a uma mistura de determinismo e de probabilidade. Num de seus últimos estudos, Einstein[12] voltou a tratar do papel das probabilidades na física: segundo ele, teria ficado decepcionado quem pensava que o caráter estatístico da mecânica quântica estivesse a ponto de

---

10 V. Castets, E. Dulos, J. Boissonade, P. De Kepper, Experimental Evidence of Sustained Standing Turing-Type Nonequilibrium Chemical Patterns, *Physics Review Letters*, v.64, p.2953-6, 1990.

11 Q. Ouyang, H. L. Swinney, Transition from a Uniform State to Exagonal and Striped Turing Patterns, *Nature*, v.352, p.610, 1991.

12 A. Einstein, Autobiographical Notes, in P. A. Schilpp (Ed.) *Albert Einstein: Philosopher-Scientist*, New York, 1949 [ed. bras.: Notas autobiográficas, Rio de Janeiro: Nova Fronteira, 1982].

destruir o determinismo em nível "macroscópico", que é o que nos interessa diretamente. Contudo, as considerações estatísticas da mecânica quântica aplicam-se apenas em nível macroscópico. Eis um dos pontos interessantes do estudo sobre os pontos de bifurcação que acabei de mencionar. Eles demonstram que até mesmo em nível macroscópico a nossa predição do futuro mistura determinismo e probabilidade. No ponto da bifurcação, a predição tem caráter probabilístico, ao passo que entre pontos de bifurcação podemos falar de leis deterministas.

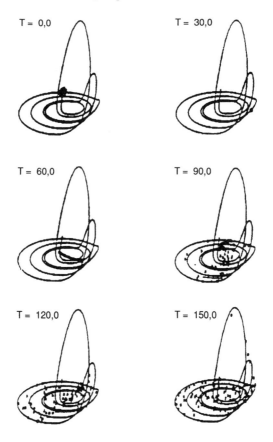

FIGURA 5 – Caos espácio-temporal.

Todos esses exemplos nos mostram que a seta do tempo tem o papel de criar estruturas. Só podemos falar de "sistema" nas situações de não equilíbrio. Sem as correlações de longa duração devidas ao não equilíbrio não haveria vida nem, por mais forte razão, cérebro.

Assim se explica o motivo pelo qual os fenômenos de não equilíbrio representam com especial evidência o paradoxo do tempo, que revela, antes de tudo, o papel "construtivo" do tempo. Os fenômenos irreversíveis não se reduzem a um aumento de "desordem", como se pensava tempos atrás, mas, ao contrário, têm um importantíssimo papel construtivo. Mas isso nos obriga a rever as nossas ideias acerca dos fundamentos dinâmicos dos fenômenos irreversíveis. Na imagem clássica, a irreversibilidade devia-se às nossas aproximações e à nossa ignorância. Assim, éramos nós que introduzíamos a irreversibilidade numa natureza que por si é determinista e reversível no tempo. Um modo mais sofisticado de exprimir a mesma ideia era a de falar de "granulação grosseira" (*coarse graining*). Além dos resultados da dinâmica, devíamos levar em conta o que no mundo macroscópico podíamos derivar apenas das "grandezas médias". Essa imagem da "granulação grosseira" é, portanto, outra forma de exprimir a ideia de que é a nossa ignorância que leva à irreversibilidade. No limite, podiam-se sustentar tais ideias a propósito de manifestações muito simples e de fenômenos irreversíveis, como a viscosidade ou a difusão, mas torna-se impossível fazê-lo diante dos osciladores químicos ou das estruturas de Turing, pois cairíamos no absurdo: seria preciso atribuir todo o funcionamento da vida à nossa ignorância, ou rejeitá-la para o que é apenas fenomenológico.

A vida seria "menos fundamental" que a não vida? Já é muito que, como veremos na sequência desta exposição, hoje estejamos em condições de ligar a irreversibilidade não mais à nossa ignorância, mas à estrutura fundamental das leis da dinâmica clássica ou quântica, formuladas para os sistemas instáveis ou caóticos. Feynman descreve bem a imagem clássica do mundo, quando, em seu livro *A lei física*, compara a natureza a uma imensa partida de xadrez: cada movimento tomado isoladamente seria simples, e a complexidade, exatamente como a irreversibilidade, decorreria simplesmente dos numerosos elementos do jogo. Mas hoje é difícil aceitar essa imagem, pois já em nível elementar, como veremos, aparece o problema da instabilidade.

Outro modo de tentar eliminar a irreversibilidade é reivindicar o princípio antrópico. É o que faz Stephen Hawking em seu livro já citado, *Uma breve história do tempo*, em que escreve: "Uma seta do tempo termodinâmica forte é ... necessária para o agir da vida inteligente", e acrescenta um pouco mais adiante: "Para resumir, as leis da ciência não fazem distinção entre as direções do tempo, para a frente e para trás".[13] Mas como conciliar essas duas afirmações? Se para que a vida inteligente possa florescer é necessária uma forte seta termodinâmica, é preciso que esta tenha uma contrapartida na nossa descrição do universo; deve, portanto, ser tão real como qualquer outro fenômeno físico. A partir do momento em que as leis da dinâmica tradicional, seja ela a dinâmica clássica, quântica ou relativista, não contêm a direção do tempo, torna-se, pois, necessário tentar reformulá-las. É bem verdade que a introdução da irreversibilidade nos obriga a reformulá-las, mas é também verdade que se trata evidentemente de um empreendimento bastante ambicioso. Lembro-me de uma pergunta que Heisenberg gostava de fazer: "Qual é a diferença entre um pintor e um físico teórico?", e a resposta que gostava de dar era que o pintor abstrato queria ser o mais original possível, ao passo que um físico teórico deve sê-lo o "menos" possível. Aceito essa conclusão de Heisenberg, e se creio que seja preciso reformular as leis da dinâmica é porque não vejo outra

---

13 S. Hawking, op. cit.

maneira de fazer caber o tempo na descrição física do mundo. Ora, essa introdução do tempo no plano fundamental de descrição torna-se uma necessidade inelutável, depois do que aprendemos nas últimas décadas acerca do papel construtivo da irreversibilidade.

Dissemos antes que o reaparecimento do paradoxo do tempo se devia a dois desenvolvimentos, ambos inesperados. O primeiro é a descoberta das estruturas de não equilíbrio, e o segundo está ligado à nova evolução da dinâmica clássica, que demonstra bem o caráter imprevisível do desenvolvimento da ciência. Todos esperavam novos desenvolvimentos no contexto da mecânica quântica ou da relatividade, mas que a dinâmica clássica, a mais antiga das ciências, depois de três séculos se transformasse tão profundamente é um evento talvez único na história das ciências.

Capítulo 3

Agora voltaremos nossa atenção para o mundo microscópico, ou seja, o da dinâmica. Já descrevi a batalha que Boltzmann travou para introduzir o segundo princípio da termodinâmica na física clássica. Ele fora obrigado a concluir que a irreversibilidade postulada pela termodinâmica era incompatível com as leis reversíveis da dinâmica. As suas conclusões pareciam confirmadas pelo fato de que na relatividade e na mecânica quântica o ponto de vista permaneceu o mesmo. As leis quânticas ou relativísticas de base permanecem reversíveis em relação ao tempo, exatamente como na dinâmica clássica. Mas nos últimos anos se verificou uma mudança dramática. Um exemplo desse novo ponto de vista emergente é a declaração solene que James Lighthill fez em 1986 como presidente da Union Internationale de Mécanique Pure et Appliquée. Lighthill expressou-se com as seguintes palavras:

> Devo agora deter-me e falar em nome da grande fraternidade que une os especialistas em mecânica. Hoje estamos plenamente conscientes de como o entusiasmo que os nossos pre-

decessores nutriam pelo maravilhoso êxito da mecânica newtoniana os levou a fazer generalizações no campo da preditibilidade ... que hoje sabemos serem falsas. Todos nós desejamos, por isso, apresentar as nossas desculpas por haver induzido em erro o nosso público culto, difundindo, a respeito do determinismo dos sistemas que aderem às leis newtonianas do movimento, ideias que após 1960 se revelaram inexatas.[1]

Eis aí uma declaração que sem dúvida se pode qualificar de excepcional. Os historiadores da ciência estão habituados a revoluções em que uma teoria é desmentida e a outra triunfa. Também é verdade que cada um de nós pode cometer erros e depois desculpar-se por tê-los cometidos, mas é totalmente excepcional ouvir especialistas reconhecerem que durante três séculos se enganaram sobre um ponto essencial de seu campo de pesquisa.

A renovação da dinâmica, a mais antiga ciência ocidental, é um fenômeno único na história das ciências. Durante muito tempo, o determinismo foi o símbolo mesmo da inteligibilidade científica, ao passo que hoje não passa de uma propriedade válida apenas em casos limites, ou seja, precisamente nos sistemas dinâmicos estáveis. Portanto, a noção de probabilidade que Boltzmann introduzira para poder exprimir a seta do tempo já não corresponde à nossa ignorância e ganha um significado objetivo.

O motivo da declaração de James Lighthill consiste precisamente na descoberta dos sistemas dinâmicos caóticos. O fato de que tais sistemas possam tornar-se caóticos não é novidade: o exemplo clássico é representado pela transição entre movimento laminar e turbulento. Mas um líquido é um sistema complexo que corresponde a uma enorme população

---

1 J. Lighthill, The Recently Recognized Failure of Predictability in Newtonian Dynamics, in *Proceedings of the Royal Society*, v.A/407, p.35-50, 1986.

de partículas em interação. Trata-se de um sistema tão complexo que não podemos esperar descrevê-lo em termos de trajetórias individuais. Assim, os físicos podiam julgar dever proceder por aproximações, e mais uma vez o caos e a irreversibilidade podiam decorrer delas. Mas a novidade é que atualmente dispomos de sistemas caóticos muito simples e, por conseguinte, não podemos mais esconder-nos por trás do biombo da complexidade. A instabilidade e a irreversibilidade tornam-se parte integrante da descrição já em nível fundamental.

Tomemos em primeiro lugar um exemplo muito simples: o "deslocamento de Bernoulli". Trata-se de uma iteração muito fácil. Escolhe-se um número x qualquer, entre 0 e 1. Multiplica-se por 2 a intervalos regulares, por exemplo a cada segundo, e subtrai-se a parte que ultrapassa a unidade. Obtemos assim $x_{n+1} = 2x_n$ (módulo 1). Esta é conhecida como "equação do movimento". É fácil imaginar tais sucessões de números (por exemplo, 0,13; 0,26; 0,52; 0,04; 0,08...). Os números sucessivos crescem até superar a unidade, e depois voltam a fazer parte do intervalo 0-1 (ver Figura 6a). Para entender melhor, pode ser útil representar o número x com o sistema binário, ou seja, escrever:

$$x = \frac{u_{-1}}{2} + \frac{u_{-2}}{4} + \frac{u_{-3}}{8} + \dots \, ,$$

onde u_1, u_2, ... são números iguais a 0 ou 1. O "deslocamento" $x_{n+1} = 2x_n$ corresponde então ao deslocamento $u'_n = u_{n-1}$ (módulo 1). Todos os números u_i são deslocados para a esquerda. Consideremos agora dois números que diferem muito pouco, por exemplo, a partir dos números $\frac{u_{-40}}{2^{40}}$ e veremos que em 40 deslocamentos a diferença será de $\frac{1}{2}$!

Ilya Prigogine

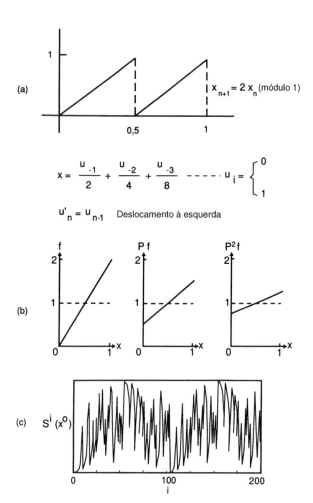

FIGURA 6 – diagrama de Bernoulli e as transformações diádicas.
(a) O diagrama de Bernoulli.
(b) Com uma densidade inicial f(x) = 2x, x∈ [0,1], as aplicações sucessivas do operador de Perron-Frobenius correspondente à transformação diádica resultam em densidades que se aproximam de f ≡ 1, x∈ [0,1].
(c) Uma trajetória calculada a partir da transformação diádica com $x^0 \cong 0{,}0005$. Compare-se a irregularidade desta trajetória com a lenta aproximação da densidade em (b) a um limite.
[As figuras *b* e *c* foram extraídas de A. Lasota e M. Mackey, *Probabilistic Properties of Deterministic Systems*, Cambridge: Cambridge University Press, 1985].

É nisso que consiste a "sensibilidade às condiçoes iniciais", pois um mínimo erro na condição inicial $(\delta x)_0$ leva a uma amplificação exponencial. Causas pequenas a mais não poder, mas em condições de ter consequências essenciais sobre o comportamento do sistema. A distância entre dois números próximos aumenta exponencialmente, ou ainda, segundo esta lei, a distância entre "duas trajetórias" aumenta exponencialmente com o tempo $(\delta x)_n = (\delta x)_0 \exp\lambda n$. O coeficiente λ é chamado "coeficiente de Lyapunov" e $1/\lambda$ é o tempo de Lyapunov. Os sistemas que apresentam essa divergência exponencial são por definição "sistemas caóticos", que contam com uma escala intrínseca de tempos definida pelo tempo de Lyapunov $1/\lambda$. Após uma longa evolução em relação ao tempo de Lyapunov, perde-se a memória do estado inicial. Que fazer nessa situação? Nesse ponto, a noção de trajetória, que é o instrumento fundamental da dinâmica clássica, torna-se uma idealização inadequada, pois as trajetórias nos fogem depois de tempos longos em relação a $1/\lambda$. O deslocamento de Bernoulli é o protótipo do caos dinâmico. Portanto, é preciso recorrer a uma abordagem estatística de base probabilística. Este é um ponto essencial, pois, ao abandonarmos as trajetórias, deixamos as tranquilas certezas da dinâmica clássica. Na verdade, isso é o que Boltzmann já havia proposto há cerca de um século, mas agora a introdução das probabilidades corresponde a uma necessidade objetiva ligada à instabilidade.

Introduzamos, pois, uma função de distribuição estatística $\rho(x,t)$ (Figura 7) que dá a probabilidade de realizar o número x no tempo t (ou depois de n interações). A descrição estatística corresponde a uma generalização do conceito de trajetória, que encontramos quando tomamos uma distribuição $\delta(x - x_0)$. A função $\delta(x - x_0)$ é uma função "singular", porque é diferente de zero para $x = x_0$ e nula para qualquer outro valor. Sabemos então que existe uma trajetória no ponto x_0. Deveremos ainda voltar ao papel das distribuições como funções singulares.

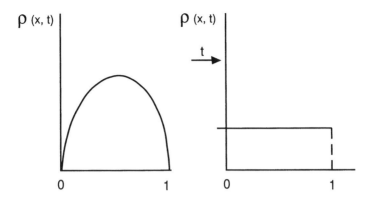

FIGURA 7 — Descrição estatística.

Que podemos dizer da evolução da função de distribuição δ no tempo? Um importante teorema (ver, por exemplo, Schuster[2]) é que, no caso do deslocamento de Bernoulli, a distribuição tenderá à uniformidade no intervalo entre 0 e 1 (em termos técnicos, isso significa que o deslocamento de Bernoulli é "mesclado"; ver o Apêndice). Mas gostaríamos de ir além e analisar quantitativamente essa evolução da distribuição inicial rumo à distribuição alcançada assintoticamente com o tempo. Em termos formais, podemos escrever:

$$\rho_{n+1}(x) = U \rho_n(x)$$

onde $\rho_{n+1}(x)$ é a distribuição estatística depois de $n + 1$ deslocamentos e $\rho_n(x)$, a distribuição após n deslocamentos. O operador U transforma, portanto, ρ_n em ρ_{n+1}. Ele é conhecido como "operador de Perron-Frobenius".

Agora a física das trajetórias se transforma em física das funções de distribuição. As leis do movimento — no caso de Bernoulli, trata-se simplesmente da recorrência $x_{n+1} = 2x_n$ (mó-

---

[2] H. Schuster, *Deterministic Chaos*, Weinheim: Physik, 1984.

dulo 1) – transformam-se nas leis da evolução de ρ, graças ao operador de evolução *U*.

No caso de Bernoulli, podemos dar a forma explícita deste operador. Damos aqui só os resultados; o leitor eventualmente interessado nos cálculos pode encontrá-los no Apêndice. Temos:

$$\rho_{n+1}(x) = \frac{1}{2}\left[(\rho_n\left(\frac{x}{2}\right) + \rho_n\left(\frac{1+x}{2}\right) \right]$$

É fácil constatar que se ρ_n for uma constante, também o será C_{n+1} (permanece válida a distribuição uniforme). O mesmo se pode dizer se $C_n(x) = x$, $\rho_{n+1}(x) = \frac{1}{4} + \frac{x}{2}$ e os deslocamentos seguintes se aproximam de ρ de uma constante.

Devemos, portanto, proceder à análise do operador *U*. Como já dissemos, o problema do cálculo das trajetórias é substituído pelo da análise das propriedades do operador de evolução *U*. É nesse ponto que entra em jogo a inovação trazida pelo nosso método. Que a instabilidade leve à introdução de probabilidades é um fato que nada tem de surpreendente, e já foi ressaltado por muitos autores;[3] mas, para nós, a necessidade de desenvolver a matemática para permitir a análise do operador *U*, que descreve a evolução das probabilidades, é apenas o ponto de partida. É neste preciso momento que se coloca o problema essencial: como se estabelece nesse nível a ruptura da simetria temporal (Figura 8)? Quando falamos de reformulação das leis da natureza, é justamente em termos de propriedades do operador de evolução. Como já foi dito na Introdução, essa exposição exige um mínimo de precisão, pois se propõe a introduzir o leitor em setores da matemática que só começaram a ser explorados há muito pouco tempo.

---

3 P. Shields, *The Theory of Bernoulli Shifts*, Chicago: University of Chicago Press, 1973.

É aí que se situa a peculiaridade histórica. As leis da natureza, na ciência ocidental, são escritas em termos matemáticos, e os desenvolvimentos da física teórica e da matemática sempre andaram juntos: isso vale para a dinâmica clássica, para a mecânica quântica, para a relatividade e também para este caso.

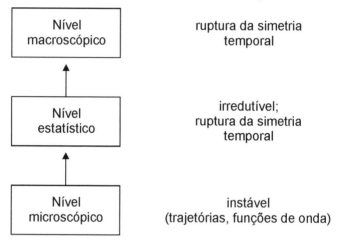

FIGURA 8 – Trajetórias.

O problema de descrever a evolução de um sistema dinâmico sem recorrer a trajetórias já se colocou na mecânica quântica, assim como o estudo do operador de evolução U faz lembrar muito de perto os seus problemas fundamentais.

Voltaremos ainda à mecânica quântica na sequência desta exposição. Por enquanto, mencionaremos apenas que a grandeza fundamental y é a função de onda $\Psi(x, t)$, que obedece à equação de Schrödinger; trata-se de uma equação de forma $i\dfrac{\partial \Psi}{\partial t} = H\Psi$, a qual exprime que a variação temporal da função de onda Ψ é dada graças ao operador H sobre Ψ. O operador H reduz-se, no caso clássico, à "hamiltoniana", ou seja, à energia do sistema expresso em termos de variáveis mecânicas coordenadas e quantidade de movimento; assim, também é chamado "operador hamiltoniano" (ele age sobre Ψ. Retomarei mais adiante no texto a equação da mecânica quântica). Graças a essa equação podemos obter o valor da amplitude Ψ em função de t no instante t_0. A solução da equação é:

$$\Psi(t) = e^{-iH(t-t_0)}\Psi(t_0) = U(t)\Psi(x, t_0)$$

U aqui é o operador de evolução da mecânica quântica; é evidente a analogia com o operador de Perron-Frobenius.

Mas também existem algumas diferenças: a função de onda não representa uma probabilidade, mas sim uma "amplitude de probabilidade". A probabilidade de encontrar um sistema no ponto correspondente ao instante t é proporcional a $\Psi(t, x)$ $\Psi^{CC}(t, x)$. Também voltaremos a isso. De qualquer forma, torna-se natural procurar transpor aos sistemas caóticos, como o deslocamento de Bernoulli, os métodos que se mostraram válidos na análise da evolução da amplitude Ψ no âmbito da mecânica quântica. Mas surgem novos problemas, porque, no caso da mecânica quântica, a evolução é essencialmente periódica. Se na fórmula dada anteriormente substituirmos H por um número comum, o operador de evolução U torna-se um exponencial oscilante. O problema muda no caso dos sistemas caóticos, pois, nesse caso, esperamos encontrar uma evolução irreversível. Devemos, pois, generalizar o problema da mecânica quântica para incluir no operador de evolução as propriedades correspondentes à evolução temporal do sistema, como o tempo de Lyapunov. Formalmente, este vai substituir o operador hamiltoniano H não por um número real, mas complexo (ou seja, composto por uma parte real e uma parte imaginária). A parte imaginária descreve um comportamento "amortecido". Em termos técnicos, devemos estender a teoria espectral a autovalores reais (ou seja, que associa a H números reais) para uma teoria espectral "complexa" (ver mais uma vez o Apêndice). Isso exige modificações bastante profundas, e as pesquisas nessa direção são recentes, embora recorram a estudos já clássicos de grandes matemáticos como Von Neumann, Gel'fand e outros (ver as referências no Apêndice). Apresentamos aqui uma exposição qualitativa simplificada: podem-se obter maiores detalhes no Apêndice, como já indicamos. O esquema que surge é o seguinte: instabilidade (tempo de Lyapunov) → probabilidade → irreversibilidade. A instabilidade e o caos obrigam-nos a passar a um esquema probabilístico (abandono das trajetórias na mecânica clássica e das funções de onda na mecânica quântica), o qual nos leva a estudar o operador de evolução correspondente, que nos permitirá esclarecer a ruptura da simetria temporal e, portanto, a irreversibilidade.

O resultado essencial de nosso estudo é que, para os sistemas instáveis, as leis fundamentais da dinâmica clássica (ou quântica, com relação à qual retomarei esta menção mais adiante) são formuladas em termos de propriedades da evolução de "probabilidade". E é nesse nível que podemos esclarecer as leis do caos e descrever as mudanças que a instabilidade e o caos introduzem em nossa visão do mundo.

Cumpre notar que o exemplo dado por nós, o deslocamento de Bernoulli, não é um autêntico sistema dinâmico. As equações dos sistemas dinâmicos clássicos ou quânticos são reversíveis, e nelas $+t$ e $-t$ desempenham o mesmo papel. Mas não neste caso. Se em vez de considerarmos o "mapa" $x_{n+1} = 2x_n$ considerarmos o mapa inverso $x_{n+1} = \dfrac{x_n}{2}$, chegaremos em seguida às iterações no ponto $x = 0$. Por isso, antes de voltar ao estudo da evolução das propriedades, consideremos um outro exemplo que, desta vez, corresponda a um sistema dinâmico: trata-se da chamada "transformação do padeiro".

A transformação do padeiro consiste essencialmente na seguinte transformação geométrica. Tomemos um quadrado, estiquemo-lo na direção horizontal com um fator 2 até obtermos um retângulo e em seguida dobremos a parte direita do retângulo sobre a parte esquerda, para formarmos um novo quadrado. A operação é ilustrada pela Figura 9.

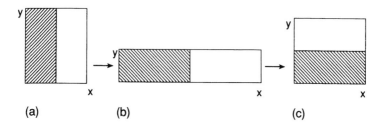

FIGURA 9 – A "transformação do padeiro". O quadrado unidade (a) achata-se num retângulo (b) de $\frac{1}{2}$ x 2. A metade direita do retângulo é então colocada sobre a esquerda, formando novamente um quadrado (c).

Repetindo essa operação, obtemos uma fragmentação cada vez maior ao longo da coordenada vertical (ver a Figura 8), mas, indo na direção do passado, obtemos uma fragmentação cada vez mais fina ao longo da abscissa x, e a função de distribuição torna-se uniforme na coordenada vertical y.

Trata-se novamente de um sistema instável, muito semelhante ao de Bernoulli. Dois pontos que, no começo das transformações, estavam muito próximos afastam-se exponencialmente e no futuro se encontrarão em regiões diferentes. Reencontramos assim a lei exponencial $(\delta r)_n = (\delta r)_0 2^n = (\delta r)_0 e^{n \lg 2}$, em que r é a distância entre dois pontos que, como no caso do problema do padeiro, têm um expoente de Lyapunov igual a $\lg 2$ (que resulta de cada multiplicação por 2 da dimensão horizontal). A instabilidade obriga-nos a adotar de novo uma descrição estatística. Dessa vez, a função de distribuição dependerá de duas variáveis x e y, das quais obteremos a relação $\rho_{n+1}(x, y)$ = $U\rho_n(x, y)$. Neste caso, o operador de transformação U é um operador "unitário", ao contrário do operador de Bernoulli (ver o Apêndice). Isso implica que admite um inverso, diferentemente do sistema de Bernoulli, que, como vimos, conduz a um atrator na direção dos tempos negativos e à uniformidade para tempos positivos.

O que significa a tendência ao "equilíbrio" da transformação do padeiro? Como já observamos, quando o tempo é longo, a repartição torna-se cada vez mais fragmentada ao longo da direção y (ver a Figura 9). Se tomarmos uma grandeza que dependa de modo contínuo da coordenada y, o valor médio dessa grandeza não será mais sensível às variações da função de distribuição ρ ao longo do eixo da ordenada y, se forem suficientemente velozes. Uma tal grandeza contínua que segue a direção y é chamada "função teste". Para as funções testes, tudo permanece como se a distribuição por tempos longos fosse homogênea. De fato, desaparece a distinção entre as regiões hachuradas e brancas da Figura 9. É nesse sentido e graças às funções testes que podemos falar de tendência ao equilíbrio (que aqui corresponde à distribuição uniforme). A introdução das funções testes pode sugerir uma noção que foi muitas vezes discutida na mecânica estatística e que já mencionamos. Trata-se da noção de "granulação grosseira" (*coarse graining*), introduzida pelo casal Ehrenfest[4] para explicar a aparente contradição entre a reversibilidade dinâmica e a irreversibilidade fenomenológica. Como já vimos, a irreversibilidade não se referiria a uma descrição mi-

---

4 P. Ehrenfest, T. Ehrenfest, Begriffliche Grundlagen der statistischen Auffassung der Mechanik, in *Encycl. Math. Wiss.*, v.4, p.4, 1911 (reimpressão em inglês *The Conceptual Foundations of Statistical Mechanics*, Ithaca: Cornell University Press, 1959).

croscópica precisa, mas sim a uma descrição aproximada, de "granulação grosseira" (*coarse grained*). Nessa imagem, somos nós que introduzimos a "granulação grosseira", e mais uma vez a irreversibilidade decorre das nossas aproximações. A situação é diferente em nossa abordagem. Como logo vamos constatar, as funções testes que devemos introduzir e que precisam em que sentido deve ser entendida a tendência ao equilíbrio decorrem da descrição matemática desse processo e não contêm nenhum elemento subjetivo ou arbitrário.

Capítulo 4

Passemos agora ao estudo do operador U, que também pode ser chamado de operador de Perron-Frobenius para o deslocamento de Bernoulli.

Demos acima a expressão explícita do operador de Perron-Frobenius. Para analisar o efeito desse operador sobre a distribuição das probabilidades, devemos introduzir a noção de autofunção e de autovalor. Em geral, um operador corresponde a uma prescrição matemática que transforma uma função em outra. Vimos antes que para

$$\rho_n(x) = x, \ \rho_n + 1(x) = \frac{1}{4} + \frac{x}{2}.$$

Em outras palavras: $Ux = \frac{1}{4} + \frac{x}{2}$. Mas existem funções que, mesmo com a aplicação do operador U, permanecem invariadas. Essas funções são por definição autofunções. Por isso, quando $\rho_n(x) = \alpha$, temos também $\rho_{n+1}(x) = \alpha$ ou $U\alpha = \alpha$; portanto, α é uma "autofunção" (aqui, é uma constante). Geralmente uma autofunção é multiplicada por um número através da aplicação do operador U. Assim, para $\rho_n(x) = x^2 - x +$

$\frac{1}{6}$, temos $U\left(x^2 - x + \frac{1}{6}\right) = \frac{1}{2^2}\left(x^2 - x + \frac{1}{6}\right)$. $x^2 - x + \frac{1}{6}$ é

uma autofunção correspondente ao autovalor $\frac{1}{2^2}$. Assim, no

momento do deslocamento de Bernoulli, a distribuição $x^2 -$

$x + \frac{1}{6}$ conserva uma forma invariante, mas é multiplicada por

$\frac{1}{4}$. Repetindo-se o deslocamento n vezes, o fator de amorte-

cimento torna-se $\left(\frac{1}{2}\right)^n$. Uma contribuição à probabilidade que

tinha a forma $x^2 - x + \frac{1}{6}$ tende, portanto, rapidamente a zero.

Observe-se que os autovalores estão ligados ao tempo de Lyapunov lg2. Se do ponto de vista das trajetórias o tempo de Lyapunov é um elemento de "instabilidade", ele se torna, pelo contrário, um elemento de estabilidade do ponto de vista das funções das probabilidades. Quanto mais longo for o tempo de Lyapunov, mais rápidos são o amortecimento e a tendência à uniformidade. A fórmula dada acima para x^2 – representa um caso particular. As autofunções de U são polinômios $B_n(x)$ chamados de Bernoulli (a $B_n(x)$ corresponde um polinômio

de grau n) e temos $UB_n(x) = \frac{1}{2^n} B_n(x)$, portanto o amorte-

cimento será tanto mais veloz quanto mais alto for o grau do polinômio. Por conseguinte, se decompusermos $\rho(x)$ numa soma de polinômios de Bernoulli, os primeiros a desaparecer serão os polinômios de grau elevado, até permanecer apenas uma distribuição uniforme.

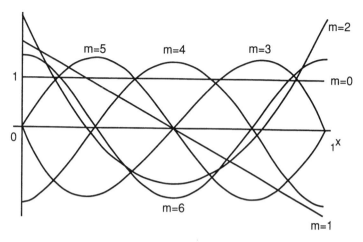

FIGURA 10 – Polinômios de Bernoulli.

Nos problemas comuns de mecânica quântica, uma vez obtidas as autofunções do operador U, o problema da evolução temporal estará resolvido. Nesse caso, porém, a situação é mais complicada: procuramos obter uma teoria espectral "complexa", em que os autovalores assumem uma extensão real e uma extensão imaginária. Isso exige uma extensão do formalismo matemático utilizado na mecânica quântica e em particular a introdução de dois conjuntos de grandezas $B_n(x)$ e $\hat{B}_n(x)$. Além disso, as funções $\hat{B}_n(x)$ não são funções "normais", mas sim funções singulares (ver Apêndice).

É importante que o leitor tenha uma ideia dessas funções singulares, também conhecidas como "distribuições". Já mencionei a função singular mais simples: a δ. Vimos que $\delta(x - x_0)$ é uma função diferente de 0 apenas para $x = x_0$, mas nula para qualquer outro valor. Essas funções devem ser usadas conjuntamente com funções contínuas, ou seja, "funções testes". Em geral, um produto de distribuições não tem sentido, ao passo que a expressão $\int dx f(x)\delta(x-x_0)$ com a função teste $f(x)$ tem um sentido bem preciso, ou seja, $f(x_0)$.

O próximo parágrafo exige um maior grau de conhecimentos matemáticos; mas se estes faltarem ao leitor, ele pode deixá-lo tranquilamente de lado, pois o resumirei logo em seguida. Passemos agora a indicar os resultados do nosso estudo. Podemos desenvolver a probabilidade $\rho(x)$ em polinômios de Bernoulli $B_n(x)$, o que leva à fórmula

$$\rho(x) = \sum_n B_n(X)\int dx'\tilde{B}_n(x')\rho(x')$$

em que aparecem ao mesmo tempo as grandezas $B_n(x)$ e as funções singulares $\tilde{B}_n(x)$. Aplicando-se o operador de Perron-Frobenius, temos então

$$U\rho(x) = \sum \frac{1}{2^n} B_n(x) \int dx'\tilde{B}_n(x')\rho(x')$$

porque $B_n(x)$ é, como vimos, uma autofunção de U que corresponde ao autovalor $\frac{1}{2^n}$. Se escrevo essas fórmulas, é porque elas nos dão uma contribuição essencial. Nelas aparecem as integrais $\int dx'B_n(x')\rho(x')$ que comportam a função singular $\tilde{B}_n(x')$.

Por isso não podemos aplicar essas fórmulas a uma só trajetória, pois então sob o sinal de integral teremos um produto de duas funções singulares. Como acabamos de ver, uma função singular sob um integral tem sentido se associada a uma função contínua. Resumindo: no caso de sistemas caóticos clássicos, podemos substituir o estudo das trajetórias pelo do operador de evolução U, graças a métodos que generalizam os usados na mecânica quântica. Mas a novidade consiste no fato de que a descrição se explica só com funções de distribuição "contínuas" (funções testes). Isso significa que *as trajetórias* são eliminadas da descrição probabilística. Já observamos que, no caso dos sistemas caóticos, as trajetórias eram "incalculáveis", mas se podia pensar que se tratasse de uma dificuldade de cálculo sem fundamento teórico. Aqui vemos claramente que o contrário é que é verdade: a descrição probabilística não é compatível com a descrição em termos de trajetórias. Na verdade, encontramos uma forma de "complementaridade": ou seja, descrevemos a dinâmica em termos de trajetórias, ou melhor ainda, usamos uma descrição probabilística que nos dá a evolução do sistema no sentido do equilíbrio. Mas não podemos aplicar essa descrição a trajetórias, porque devemos usar funções "contínuas" e é nesse sentido que o sistema se aproxima do equilíbrio. A descrição estatística é "irredutível".

A seta do tempo aparece no plano das funções de distribuição contínuas. Será que isso representa uma limitação do nosso método? Julgo que é antes o contrário que é verdade. A existência da seta, tão evidente em nível macroscópico, mostra que a descrição microscópica e essa seta devem estar em harmonia. Devemos, portanto, eliminar a noção de trajetória da nossa descrição microscópica. Aliás, esta corresponde a uma descrição realista: nenhuma medida, nenhum cálculo leva estritamente a um ponto, à consideração de uma trajetória "única"; estaremos sempre diante de "conjuntos" de trajetórias. Para os sistemas estáveis, isso não faz diferença, pois neles podemos usar a descrição em termos de trajetórias. Eventualmente poderemos adotar também uma descrição probabilística, a qual, porém, nos reconduz, como caso particular, à descrição em termos de trajetórias. A descrição estatística é "redutível". Ao contrário, para os sistemas caóticos, a única descrição que inclui a tendência ao equilíbrio é a descrição *estatística*. Com efeito, reformulamos assim o problema do caos: o caos não impede uma descrição quantitativa, mas exige uma reformulação da dinâmica no nível dos operadores de evolução, é uma descrição probabilística e ao mesmo tempo realista. O *leitmotiv* de toda a nossa exposição é que a formulação da dinâmica para os sistemas caóticos deve ser feita no plano probabilístico.

Tal formulação implica o estudo das autofunções e dos autovalores do operador de evolução.

Agora passemos a uma breve discussão acerca da transformação do padeiro. Como vimos, trata-se de um sistema dinâmico propriamente dito, em que o operador U é unitário. Desse ponto de vista, tal sistema é semelhante aos estudados pela mecânica clássica ou quântica. Os autovalores estão ligados ao tempo de Lyapunov. Para tempos suficientemente longos, o sistema aproxima-se da uniformidade. Reencontramos assim as três etapas mencionadas anteriormente: instabilidade → probabilidade → irreversibilidade. Agora compreendemos melhor o sentido da irreversibilidade que aparece só para distribuições "regulares" de probabilidade.

Insistimos no fato de que a necessidade de excluir tanto as distribuições singulares quanto as trajetórias não decorre de uma decisão arbitrária, mas sim da estrutura do operador de evolução U.

Podemos, pois, usar poderosíssimos teoremas de existência elaborados ao longo do século XX para a representação espectral dos operadores unitários. Em condições muito amplas, existe uma representação espectral de autovalores "reais". Mas o importante é que também existe uma representação espectral complexa do mesmo tipo da que foi objeto da nossa discussão acerca do deslocamento de Bernoulli e que contém explicitamente os tempos de Lyapunov.

Essa representação implica de novo a tendência ao equilíbrio futuro ($t > 0$) e também uma ruptura temporal da simetria. Mas, exatamente como no caso do deslocamento de Bernoulli, essa representação recorre a funções singulares, e a teoria só é aplicável conjuntamente com funções testes. Chegamos assim a uma situação nova, nunca antes encontrada no campo da física teórica. Temos mais de uma representação do operador de evolução e devemos escolher a "certa" – o resultado descrito para a transformação do padeiro é de fato muito geral. Para os sistemas caóticos, temos, pois, a "escolha" entre duas formulações: por um lado, a tradicional em termos de trajetórias, ou, por outro, a nova formulação probabilística em termos do operador de evolução U. Não hesito em afirmar que a nossa escolha deve recair sobre a segunda. A representação tradicional equivale a uma descrição em termos de trajetórias, mas sabemos que a noção de trajetória é limitada pelo tempo de Lyapunov.

Ao contrário, a nova representação é mais rica, porque nos oferece o mecanismo de tendência ao equilíbrio em termos de tempo de Lyapunov e inclui a ruptura temporal da simetria. A descoberta dessas novas representações de simetria quebrada constitui, a nosso ver, a solução do paradoxo do tempo. Com efeito, obtemos assim uma formulação da dinâmica no plano das funções de distribuição, que inclui a seta do tempo. É nesse plano que devem ser formuladas as leis da natureza, e não no das trajetórias (ou das funções de onda, como veremos mais adiante). É assim que podemos colocar corretamente o problema da ruptura da simetria temporal. Na realidade, cremos ter realizado exatamente o programa que Boltzmann iniciara cerca de um século atrás. Como Boltzmann, fomos da noção de trajetória à de probabilidade, mas ali onde ele deparava com muitas dificuldades, agora encontramos uma situação mais favorável, porque temos à nossa disposição uma teoria dos sistemas caóticos mais elaborada e podemos demonstrar que o estudo desses sistemas permite efetivamente incorporar o segundo princípio da termodinâmica.

Observemos, pois, que para nós a instabilidade e o caos são o ponto de partida para uma reformulação da dinâmica que inclua probabilidades e instabilidade. Longe de estar ligada a aproximações introduzidas por nós (a "granulação grosseira" que já mencionamos), a irreversibilidade surge como a manifestação de uma propriedade fundamental, a instabilidade presente no nível microscópico dinâmico. Como já sublinhamos em diversos trabalhos anteriores, a irreversibilidade exige uma extensão da dinâmica e, portanto, da noção de "leis da natureza".

Os exemplos considerados até agora eram simplíssimos, quase caricaturas exemplificativas. No próximo capítulo, apresentaremos situações mais realistas e demonstraremos que a instabilidade e o caos representam *a situação normal* no quadro dos problemas estudados pela física contemporânea.

Capítulo 5

Como acabamos de escrever, até agora consideramos sistemas caóticos muito simples, como o deslocamento de Bernoulli ou a transformação do padeiro. Neles, o tempo está implícito de modo descontínuo. Consideremos agora o caso dos sistemas instáveis em que o tempo está implícito de modo "contínuo": é a situação da dinâmica clássica ou quântica. Como definir o caos para esses sistemas? Em especial, a definição do caos para os sistemas quânticos provocou inúmeras controvérsias.

Vimos que, no caso dos "mapas", a definição habitual de caos nos leva a representações estatísticas "irredutíveis" (ou seja, não podemos mais retornar à descrição por trajetórias). É justamente esta propriedade que tomaremos *como a própria definição de caos*, tirando vantagem da sua possibilidade de estender-se aos sistemas quânticos. São "caóticos" os sistemas quânticos cuja evolução não possa exprimir-se em termos de funções de onda que obedeçam à equação de Schrödinger, mas exijam uma nova formulação em termos de probabilidades. Veremos mais adiante alguns exemplos.

Na física, ocupamo-nos essencialmente de sistemas hamiltonianos, que estão em particular na base da dinâmica quântica. Recordemos que as variáveis que caracterizam um sistema dinâmico clássico são as coordenadas e as velocidades correspondentes. Graças a estas, podemos exprimir a energia do sistema, que geralmente tem a forma: energia cinética mais energia potencial. Para passar à representação hamiltoniana, passa-se das velocidades às quantidades de movimento ou "momentos". A energia expressa em termos de momentos e coordenadas é por definição a hamiltoniana. As variáveis, quantidade de movimento p e coordenadas q, são as variáveis canônicas. A importância fundamental da preferência concedida à descrição hamiltoniana reside no fato de que nela as equações de movimento assumem uma forma muito simples. Um caso particular muito importante é aquele em que a hamiltoniana depende só dos momentos. A integração das equações do movimento é, portanto, imediata, porque as quantidades de movimento são então constantes, ao passo que as coordenadas correspondentes variam linearmente com o tempo. Quando a hamiltoniana assume tal forma, as quantidades de movimento chamam-se "ações" J, e as coordenadas correspondentes são os ângulos α. A variação dos ângulos em relação ao tempo é determinada pelas frequências ω definidas por $\omega = \dfrac{\partial H}{\partial J}$. Existem tantas frequências quantos forem os graus de liberdade (por exemplo, 3 para um ponto que se move no espaço de três dimensões).

No fim do século XIX, Poincaré levantou um problema de extrema importância:[1] as interações podem ser eliminadas? Explicitemos a questão. Suponhamos que partimos de uma hamiltoniana "não perturbada" $H_0(J)$ que depende só das ações J.

---

1 M. Tabor, *Chaos and Integrability in Nonlinear Dynamics*, New York: Wiley-Interscience, 1989.

Acrescentemos uma perturbação V que depende das ações J e dos ângulos α. No total, temos, portanto, uma hamiltoniana de forma H = H_0 + λV, em que λ é um parâmetro de medição da intensidade do acoplamento (para λ = 0 reencontramos o sistema não perturbado H_0). Através de um processo sistemático é possível eliminar o termo de interação e escrever a hamiltoniana como uma função só das ações. Este é o problema central do cálculo de "perturbação". Procuramos novas ações J' que para $\lambda \to 0$ se reduzam a J (além disso, supomos que J' possa desenvolver-se em potências de λ). Poincaré respondeu negativamente a essa interrogação: não só demonstrou que geralmente isso era impossível, mas também forneceu o motivo para tanto, que ele atribui ao aparecimento de ressonâncias entre frequências ω do sistema dinâmico.

Toda criança que empurrou um balanço sabe o que é uma ressonância. É uma relação linear entre figuras $n_1 w_1 + n_2 w_2 = 0$, em que n_1, n_2 são números inteiros. Essas ressonâncias entram no cálculo das perturbações e levam a "infinitos", ou seja, a divergências.

Em certo sentido, já é muito que Poincaré tenha demonstrado a impossibilidade de eliminar as interações: caso contrário, se isso fosse possível, o universo seria isomorfo a um universo de partículas livres e, portanto, tudo seria tão "incoerente" que não existiria nem química nem biologia nem, obviamente, culturas humanas.

Por muito tempo, o resultado negativo de Poincaré foi considerado no máximo como uma curiosidade. Na realidade, tratava-se de um resultado fundamental, pois assim Poincaré estabelecera uma diferença essencial entre os sistemas em que se podia eliminar a interação, que ele chamava sistemas "integráveis", e os sistemas em que tal eliminação era impossível (pelo menos com o cálculo de perturbação), que ele chamava "não integráveis". Mas foi só com a formulação da teoria *KAM* (das iniciais dos matemáticos soviéticos Kolmogorov, Arnol'd,

Moser)[2] na década de 1950 que se começou a entender a extraordinária importância do resultado de Poincaré. Aliás, é à teoria *KAM* que Lighthill aludia quando falava da renovação da dinâmica clássica e da necessidade de abandonar o determinismo na descrição clássica. Com efeito, um dos principais resultados de *KAM* foi demonstrar que por causa das ressonâncias aparecem dois tipos de trajetórias: trajetórias regulares deterministas, mas também trajetórias irregulares "imprevisíveis" que decorrem das ressonâncias. Nesse contexto, não podemos entrar em pormenores na descrição desses resultados, aliás citados e explicados em muitas obras. De resto, cumpre dizer claramente que a teoria *KAM* dá uma classificação das trajetórias, mas não resolve o problema da integração dos sistemas "não integráveis" de Poincaré. Todavia, a citada teoria mostra que, com o aumento da energia do sistema, o número de trajetórias aleatórias se torna cada vez maior e no final o sistema se torna caótico, com expoentes positivos de Lyapunov. Ele então apresenta um comportamento qualitativamente semelhante ao descrito no caso do deslocamento de Bernoulli e do padeiro.

A integração dos sistemas caóticos ao caso geral permanece um problema não resolvido, mas num caso particular muito importante podemos ir além. É o caso dos "grandes sistemas de Poincaré", ou *LPS – large Poincaré's systems*, nos quais *as ressonâncias se manifestam em quase todas as trajetórias*.[3] (A característica matemática precisa dos LPS ultrapassa o quadro deste trabalho: trata-se de sistemas de espectro "contínuo", para os quais ver Apêndice).

A maior parte dos sistemas estudados atualmente na física pertence a essa categoria, em particular os campos em intera-

---

2 Ver, por exemplo, G. Nicolis, I. Prigogine, *Exploring Complexity*, New York: Freeman, e 1989; H. Schuster, op. cit.

3 T. Petrosky, I. Prigogine, Alternative Formulation of Classical and Quantum Dynamics for Non-Integrable Systems, *Physica*, v.175A, p.156, 1991.

ção ou os problemas da mecânica estatística, nos quais existe um grande número de N partículas em interação num volume V, que se faz tender ao infinito, embora mantendo constante a relação N/V.

O teorema de Poincaré revela uma situação muito pouco satisfatória: mostra, com efeito, que o problema da integrabilidade das equações da dinâmica é um problema não resolvido. Exceto em casos muito particulares, não estamos em condições de integrar as equações da mecânica clássica (ou quântica) e, o que é pior, nem sequer dispomos de um método para saber se um dado problema mecânico é integrável.

No passado, a classificação de Poincaré foi muitas vezes objeto de discussões, mas sempre em relação com a mecânica clássica. De resto, os fundadores da mecânica, como Lagrange e Laplace, já conheciam o problema das ressonâncias e as divergências que dele decorriam; já sabiam que no nosso sistema planetário existem ressonâncias que levam a divergências. Poincaré considerava o problema dessas ressonâncias "o problema fundamental" da mecânica clássica.

Como já dissemos, a questão das ressonâncias sempre foi percebida como uma dificuldade, como algo que nos impede de integrar as equações da mecânica. Ao contrário, daremos um sentido construtivo a essas divergências, demonstrando que podemos eliminá-las e tornar "convergente" o problema. O fato considerável é que assim obtemos uma solução das equações da dinâmica que também resolve o problema da irreversibilidade. Integrabilidade e irreversibilidade são problemas intimamente ligados um ao outro. Demonstraremos, assim, que as ressonâncias de Poincaré têm um sentido físico muito profundo. As divergências decorrem do fato de querermos soluções que correspondam ao ideal da física clássica, ou seja, soluções que sejam simétricas na direção do tempo. As divergências de Poincaré assinalam de certo modo a barreira entre sistemas dinâmicos reversíveis e sistemas dissipativos, com simetria temporal quebrada. Eliminar as divergências de Poincaré é um passo essencial para resolver o paradoxo do tempo.

Capítulo 6

Como foi indicado anteriormente, as divergências de Poincaré foram discutidas no âmbito da mecânica clássica. Concentraremos, ao contrário, as nossas observações no âmbito quântico: com efeito, é na mecânica quântica que a eliminação das divergências de Poincaré assume uma importância maior, pois, como veremos, leva à solução das dificuldades fundamentais sempre presentes em seus fundamentos.

A mecânica quântica é, de fato, uma ciência curiosa: por um lado, teve o sucesso mais espetacular em relação às suas previsões experimentais e, por outro, há cerca de sessenta anos, as discussões a respeito dos seus princípios de base ainda não se encerraram. Em seu livro *A lei física*, R. Feynman[1] afirma que "ninguém entende a mecânica quântica"! Citemos também um texto recente de Paul Davies[2] que coloca bem o problema.

---

1 R. S. Feynman, op. cit.
2 P. Davies, The New Physics: a Synthesis, in _____. (Ed.) *The New Physics*, Cambridge: Cambridge University Press, 1989, p.6.

Na base de tudo está o fato de que a mecânica quântica oferece um procedimento muito eficiente para se predizerem os resultados das observações sobre sistemas microscópicos, mas quando nos perguntamos o que realmente acontece quando ocorre uma observação, o que obtemos não tem nenhum sentido. As tentativas de sair desse paradoxo vão do bizarro, como a interpretação dos muitos universos de Hugh Everett, às ideias místicas de John von Neumann e Eugene Wigner, que recorrem à consciência do observador. Depois de meio século de discussão, o debate sobre a observação quântica permanece mais vivo do que nunca. Os problemas da física do muito pequeno e do muito grande são formidáveis, mas talvez justamente essa fronteira da relação entre mente e matéria se revele como o maior desafio proposto pela Nova Física.

É esse problema da interação do homem com a natureza, "a interface entre mente e matéria", segundo a expressão literal de Paul Davies, que deve estar intimamente ligado ao problema das ressonâncias de Poincaré. Portanto, antes de discutir e apresentar a sua teoria no quadro quântico de eliminação das divergências de Poincaré, para identificar essas dificuldades, começaremos com uma breve exposição das bases da mecânica quântica.

Recordemos alguns elementos de mecânica quântica. O objeto principal é o estudo da amplitude da função de onda Ψ, que obedece à equação de Schrödinger, já indicada anteriormente. Esta última descreve a evolução da amplitude de Schrödinger Ψ no tempo. Nela aparece o "operador hamiltoniano" H, intimamente ligado à função hamiltoniana clássica, que já definimos anteriormente. Na mecânica quântica se fala de operador hamiltoniano em vez de função hamiltoniana. A introdução dos operadores talvez represente o elemento mais revolucionário da mecânica quântica. Como vimos, existe uma receita matemática que deve ser usada para transformar uma função em outra. Pode ser uma simples multiplicação ou uma derivada primeira ou segunda, ou então uma operação matemática completamente diferente. Evidentemente, esta está muito longe de esgotar a questão. Com efeito, o que caracteriza um operador é também o espaço sobre o qual age. Teremos ocasião de voltar brevemente a este ponto (ver também o Apêndice).

Vimos que um operador se distingue pelas suas autofunções (as funções que deixa invariantes) e pelos seus autovalores. Isso oferece a "representação espectral" do operador.

A introdução dos operadores na física coincide essencialmente com o advento da mecânica quântica. Há para isso uma razão muito profunda, ligada à própria descoberta da quantização. Os níveis de energia de um oscilador ou de um rotor formam um conjunto discreto de valores. Ora, a hamiltoniana clássica é uma função contínua das quantidades de movimento e das coordenadas. A ideia de fundo para desvendar o dilema é substituir a função hamiltoniana por um operador e associar aos diversos níveis observados os autovalores do operador. Essa ideia foi coroada por um êxito espetacular, mas atualmente o uso dos operadores se estendeu a outros campos: estudamos o operador de Perron-Frobenius para o deslocamento de Bernoulli e mais adiante estudaremos operadores associados à descrição estatística clássica ou quântica.

Voltemos à equação de Schrödinger. Uma vez que temos as autofunções $u_n(x)$ do operador hamiltoniano H, podemos desenvolver a função de onda nessas autofunções. A solução formal da equação de Schrödinger escreve-se da seguinte forma:

$$\Psi(x,\ t) = \frac{\Sigma}{n}\ c_n e^{-iE_n t}\ u_n(x)$$

A amplitude $\Psi(x,\ t)$ corresponde a uma sobreposição de rotações das autofunções $u_n(x)$ no tempo.

Qual é o significado físico dos coeficientes c_n que aparecem nessa fórmula para a amplitude Ψ? Um postulado fundamental da mecânica quântica é que os c_n correspondem a "amplitudes de probabilidade". Para explicar esse conceito de maneira mais precisa, suponhamos que efetuemos uma medição da energia do sistema que se acha descrito com a função de onda Ψ. Segundo a interpretação da mecânica quântica, obteremos autofunções u_1, u_2, u_3 da energia, e isso com probabilidades $|c_1|^2$, $|c_2|^2$, e assim por diante. É importante notar que, no momento da medição, a função de onda inicial Ψ se transforma num "conjunto" de funções de onda. Em outras palavras, passa-se de uma única função de onda a uma "mistura", ou a um "conjunto", uma sobreposição de funções. É esta a raiz das dificuldades epistemológicas com que depara a mecânica quântica. Os coeficientes c_n que aparecem na função de onda podem ser considerados como "potencialidades". Os resultados das medições dadas pelas probabilidades $|c_1|^2$, $|c_2|^2$ atualizam algumas potencialidades. Mas como é possível, uma vez que a equação fundamental da mecânica quântica, a equação de Schrödinger, apenas transforma uma função de onda em outra? Em nenhum momento se verifica uma repartição de funções de onda. Ao contrário, ela será obtida no momento da medição, ou melhor, para seguir a terminologia corrente, falar-se-á de um "colapso" da função de onda. A mecânica quântica tem, pois, uma estrutura dual: por um lado, a equação de Schrödinger, equação determinista e reversível no tempo e, por outro, o colapso da função de onda ligado à medição, que introduz uma ruptura de simetria temporal e, portanto, a irreversibilidade. Mais uma vez, a irreversibilidade se deveria ao observador. Assim, seríamos nós os responsáveis pela atualização das potencialidades. De certo modo, voltamos mais uma vez à ideia de que a irreversibilidade é um elemento introduzido pelo homem numa natureza fundamentalmente reversível. Este problema coloca-se com maior força na mecânica quântica do que na mecânica clássica.

Independentemente do problema da irreversibilidade, a exigência de introduzir um "observador" leva necessariamente a enfrentar algumas dificuldades. Existe uma natureza "inobservada" diferente da natureza "observada"? Como indicamos na explicação do colapso da função de onda, obtemos justamente um conjunto de funções de onda. Caminhamos, pois, rumo a uma descrição probabilística, que se torna necessária para se falar de equilíbrio termodinâmico. Efetivamente, observamos no universo situações de equilíbrio, como a famosa radiação residual a 3 K, testemunha do início do universo. Mas é absurda a ideia de que essa radiação seja o resultado de medições: com efeito, quem a teria podido ou devido medir? É preciso, pois, que exista na mecânica quântica um mecanismo intrínseco que leve aos aspectos estatísticos observados. Como veremos, esse mecanismo é precisamente a instabilidade, o caos.

Voltemos agora ao teorema de Poincaré, mas dessa vez o analisemos no quadro quântico. Partamos de novo de uma hamiltoniana "não perturbada" H_0, que, porém, como já sabemos, é na mecânica quântica um operador. Suponhamos conhecer a autofunção u^0_n e os autovalores E^0_n do operador. Introduzamos uma perturbação λV e procuremos determinar as autofunções e os autovalores da hamiltoniana total $H = H_0 + \lambda V$ com um cálculo de perturbação (analítica em λ): obtemos novamente perturbações. Nos *LPS*, estas levam a divergências, e além disso não podemos obter, pelo menos por meio do cálculo de perturbação, as autofunções e os autovalores de *H*. Conseguimos criar teoremas que provam a sua existência, mas não dispomos de métodos construtivos. O problema do "colapso" das funções de onda, já exposto, está intimamente ligado ao teorema de Poincaré.

As divergências nos *LPS* mostram que, em geral, esses sistemas são caóticos. Devemos, de fato, descrevê-los em termos probabilísticos. Portanto, torna-se necessário introduzir uma nova formulação da teoria quântica, não mais em termos de funções de onda, mas sim diretamente em termos de probabilidade. Mais precisamente: chegamos a uma descrição probabilística "irredutível", que não nos permite mais voltar às funções de onda. Assim, a situação se torna semelhante ao caso clássico dos "mapas", que de qualquer forma também não nos permite voltar às trajetórias partindo da descrição estatística.

Uma vez que dispomos de uma descrição estatística irredutível, não se coloca o problema do colapso da função de onda, pois a teoria agora é expressa em termos de ρ, a probabilidade (e não em termos de amplitude de probabilidade Ψ). As dificuldades epistemológicas da mecânica quântica estão, portanto, intimamente vinculadas ao problema do caos. Isso é o que passamos agora a analisar de modo mais minucioso.

Capítulo 7

O principal problema a resolver é a eliminação das divergências de Poincaré. Para tanto, tratemos novamente da descrição estatística, que desempenhou um papel importante na história da física, como base da mecânica estatística. Gibbs e Einstein estenderam o estudo de um sistema dinâmico único, considerando a possibilidade de um conjunto de sistemas que correspondam todos eles à mesma hamiltoniana e sigam, portanto, todos as mesmas leis dinâmicas. Para Gibbs e Einstein, o ponto de vista dos conjuntos era simplesmente um meio cômodo de se calcularem valores médios, mas, para nós, tal ponto de vista se torna fundamental tão logo passamos ao estudo dos sistemas instáveis. Como no passado (Bernoulli, Baker), a descrição centra-se na função de distribuição ρ. No caso clássico, essa função dependerá das variáveis canônicas coordenadas e das quantidades de movimento. No contexto quântico, porém, a densidade está ligada de modo simples à amplitude de probabilidade. Por definição, temos $\rho = \Psi\Psi^{cc}$, em que Ψ^{cc} é o complexo conjugado da função de onda Ψ. A probabilidade propriamente dita ρ é o quadrado (do módulo) da amplitude de probabilidade Ψ. Podem-se considerar casos mais gerais em que a quantidade ρ está ligada a uma sobreposição de funções de onda, mas não precisaremos dessa generalização.

A função de distribuição ρ, clássica ou quântica, obedece a uma equação de evolução mencionada em todos os livros que tratam de mecânica estatística, ou seja, a equação de Liouville-von Neumann.[1] Formalmente, escreve-se $i\dfrac{\partial\rho}{\partial t} = L\rho$, em que L é um operador cuja forma exata não será essencial neste caso (L está ligado aos "parênteses de Poisson" na mecânica clássica e ao comutador com ρ na mecânica quântica). A solução formal da equação de Liouville é $\rho(t) = e^{-iLt}\rho(0) = U\rho(0)$, em que U é novamente um operador unitário. Assim, o problema central é, como anteriormente, a busca de uma representação espectral de U que ponha em evidência a ruptura da simetria temporal.

A equação de Liouville apresenta também uma grande analogia com a equação de Schrödinger. A diferença está no fato de que a equação de Schrödinger se aplica à amplitude Ψ e a de Liouville, a ρ. Uma vez obtida a equação de Liouville, podemos escrever formalmente a solução em termos do operador de evolução U. Mas, para esclarecer essa solução, devemos estabelecer de novo as autofunções e os autovalores da equação; quando se trata de sistemas de Poincaré, tornamos a cair no problema das divergências ligadas às ressonâncias.

Voltemos ao problema do padeiro. Como vimos, existe uma diferença entre o futuro ($t \to + \infty$) e o passado ($t \to - \infty$). No futuro, é a ordenada y que se fragmenta cada vez mais (ver Figura 2), ao passo que no passado isso acontece com a coordenada x. Podemos, portanto, atribuir um sentido físico à seta

---

1 Ver, por exemplo, I. Prigogine, *From Being to Becoming*, New York: Freeman, 1980.

do tempo. O mesmo se pode dizer dos *LPS*. Tomemos um átomo em estado excitado: no futuro, esperamos encontrar (na ausência de qualquer efeito perturbador) o átomo no estado fundamental com emissão de fótons. Nos estados quânticos, existe uma ordem natural, mas em geral não podemos especificar a sequência natural em termos de estados quânticos. Ao contrário, estamos em condições de fazê-lo valendo-nos de uma descrição estatística.

Consideremos um exemplo: um gás de moléculas em interação. Suponhamos que duas moléculas inicialmente independentes se encontrem. Estabelecemos assim uma correlação entre as duas partículas, que por sua vez encontram uma terceira, dando origem a uma correlação ternária. Assim, o número de partículas implicadas nas correlações vai aumentando continuamente. A existência de tais correlações sucessivas às colisões pode ser evidenciada por meio do computador. Se perturbarmos as velocidades, as partículas que se separavam (ver Figura 5) se encontrarão de novo: assim, as correlações conservam, por assim dizer, a memória do passado.

Todo sistema formado por muitas partículas, como um gás ou um líquido, é atravessado por esse fluxo de correlações. Pode-se até considerar que seja este o modo de envelhecer do sistema. As correlações englobam uma quantidade cada vez maior de partículas. Pode vir à mente uma analogia: dois amigos que se encontram e conversam; em seguida, um parte para uma cidade e o outro, para outra, mas permanece de qualquer forma a memória do encontro. Cada um deles vai encontrando outras pessoas, e a informação contida na conversa inicial propaga-se em seguida aos encontros subsequentes. Neste caso, temos como que o aparecimento de um segundo tempo não ligado às moléculas individuais nem a cada um dos indivíduos, no exemplo que acabamos de citar, mas sim às relações entre as moléculas, ou entre as pessoas, na nossa analogia exemplificativa. A ideia é, portanto, introduzir uma sucessão temporal que esteja ligada a esse fluxo de correlações. Agora podemos introduzir o supracitado fluxo na solução da equação de Liouville-Von Neumann, a qual descreve precisamente transformações de uma correlação a outra. Se o sistema fosse integrável, seria possível eliminar as interações e, portanto, suprimir o fluxo de correlações. Mas nos *LPS* esse fluxo é "irredutível". A essência do nosso método está na ideia de tratar diferentemente as transições, conforme a passagem se dê para correlações mais intensas (orientadas para o "futuro") ou mais fracas (orientadas para o "passado"). Tecnicamente, isso se obtém acrescentando partes imaginárias de diversos sinais ao denominador que contém ressonâncias (ver Apêndice).

Uma vez introduzido esse fluxo de correlações nas equações matemáticas que descrevem a solução da equação de Liouville, também desaparecem as divergências de Poincaré.

Considero que a ideia de um tempo ligado ao nível estatístico e, mais precisamente, à evolução das correlações tenha um claro alcance intuitivo. Se tomarmos como objeto de comparação a sociedade humana e confrontarmos a sociedade da era neolítica com a atual, não é tanto o fato de que os homens tomados individualmente sejam diferentes, mais ou menos inteligentes: são antes as relações entre os indivíduos que sofreram uma mudança radical. Sem dúvida, também a nossa sociedade envelhece, mas mais rapidamente que a sociedade neolítica, porque os meios de comunicação se ampliaram e, portanto, a dinâmica das correlações sociais sofreu uma enorme aceleração.

O resultado obtido é a possibilidade de decompor o operador de evolução *U* correspondente à equação de Liouville numa sobreposição de modos que variam de maneira independente e correspondem a autovalores "complexos". O fato de que esses valores sejam complexos corresponde à existência de amortecimentos. São estes que levam ao equilíbrio a função de distribuição para tempos suficientemente longos. Por certo, é preciso reconhecer que a tendência ao equilíbrio é em geral muito complexa e compreende diferentes escalas temporais; contudo, a nossa abordagem oferece uma solução correta a esse problema, separando as diferentes escalas temporais.

O resultado principal dessa abordagem é uma representação espectral do operador de evolução U dos *LPS* no nível da "função de distribuição" ρ. Essa representação é de todo análoga à analisada no caso do deslocamento de Bernoulli, apresenta uma simetria temporal quebrada e introduz funções singulares (distribuições análogas à simples função δ mencionada anteriormente). Enquanto a solução da equação de Schrödinger topa com muitas dificuldades devidas às divergências de Poincaré, o mesmo não se pode dizer da equação de Liouville. No plano da probabilidade, podemos eliminar as divergências de Poincaré e evidenciar as rupturas da simetria temporal.

Exatamente como no caso do problema do padeiro, existem sempre representações do operador de evolução que são simétricas no tempo. Esta é a consequência de teoremas muito gerais (ver Apêndice). Mas *além disso*, para os *LPS*, temos uma representação que inclui os fenômenos irreversíveis. Ela nos dá, portanto, a base microscópica dos fenômenos "instáveis" observados em todos os níveis de descrição da física. Além do mais, essa nova representação é *construtiva*, pois se baseia na eliminação das divergências de Poincaré.

Assim, como já indicamos, a novidade reside no fato de que nos sistemas instáveis como os *LPS* existe mais de uma representação do operador de evolução, tanto na mecânica clássica quanto na mecânica quântica; a esse estado de coisas correspondem razões matemáticas bem precisas, resumidas no Apêndice. O ponto essencial é que aos dois tipos de representação corresponde uma descrição física diversa e uma formulação diferente das leis da natureza.

Parece útil tecer algumas observações sobre o aparecimento de dissipação no nível das equações da dinâmica. A equação de Schrödinger ou a equação de Liouville é simétrica em relação à inversão do tempo. Mas, uma vez eliminadas as divergências de Poincaré, obtemos soluções dessas equações que apresentam uma simetria temporal quebrada. Nesse caso, verifica-se um fenômeno muito semelhante ao que temos na física nos problemas de magnetismo e que foi associado às "rupturas espontâneas" da simetria. A alta temperatura, um sistema magnético se mostra paramagnético: pequenos ímãs individuais orientam-se ao acaso. A baixa temperatura, porém, temos ferromagnetos: todos os ímãs privilegiam uma única direção. Nesse momento, portanto, temos soluções com simetria menor em relação às equações iniciais. De resto, esta é uma propriedade muito geral. Na física quântica moderna, as partículas e as antipartículas desempenham o mesmo papel, e, no entanto, o nosso universo é formado essencialmente de partículas, enquanto hoje as antipartículas só têm um papel desprezível no nível cosmológico. E ademais, o universo é menos simétrico do que as equações de base sugeririam.

Os resultados obtidos mostram o sentido físico das divergências de Poincaré. Estas são eliminadas introduzindo-se as propriedades dissipativas, ou seja, autovalores complexos. A teoria assim obtida constitui também um progresso no campo da integração das equações da mecânica clássica ou quântica: estamos agora em condições de integrar os sistemas não integráveis de Poincaré. Mas a noção de integração não é realmente a mesma, pois agora integramos no nível das funções de distribuição.

O que dizer então da expressão das leis fundamentais da natureza? Tradicionalmente, elas eram formuladas no nível das trajetórias (equações de Newton ou de Hamilton) ou das funções de onda; agora, porém, as formulamos no nível da evolução da probabilidade ρ. Recordemos mais uma vez o nosso esquema conceitual: instabilidade (caos) $\rightarrow$ probabilidade $\rightarrow$ irreversibilidade, ao qual damos, assim, uma realização concreta.

Capítulo 8

Dispondo dos resultados que sintetizamos nos capítulos anteriores, podemos voltar aos problemas epistemológicos e, em particular, ao dualismo da mecânica quântica, objeto de animadas discussões desde o próprio nascimento, mais de sessenta anos atrás.

É o problema da medição que talvez ilustre de maneira mais clara as dificuldades da mecânica quântica em sua formulação tradicional. Citemos um trecho do relatório que Niels Bohr apresentou em 1961 e que resume as discussões que se desenvolveram durante o congresso Solvay de 1927:

> Para introduzir a discussão sobre estes pontos, pediram-me que desse na conferência uma contribuição sobre os problemas de tipo epistemológico com que lidamos na física quântica; aproveitei a ocasião para centrar a discussão na questão de uma terminologia apropriada e para ressaltar o ponto de vista da complementaridade. Sustentei sobretudo que uma exposição unívoca das experiências físicas, tanto no procedimento experimental quanto no registro das observações, requer o uso

de uma linguagem comum, um refinamento apropriado do vocabulário, próprio da física clássica.[1]

Rosenfeld, o mais íntimo colaborador de Bohr, acrescentou um segundo elemento ao problema da medição, ou seja, que ela deve ser um processo "irreversível". Mas como descrever classicamente um aparelho de medida tal como o quer Bohr, se a teoria quântica se pretende universal e se aplica, portanto, a todo objeto, seja ele pequeno ou grande? Eis o motivo pelo qual a proposta de Bohr está muito longe de ter obtido a unanimidade. Leiamos o que dela diz John Bell:

> O "problema" é portanto: como deve ser dividido exatamente o mundo, entre um aparato explicável ... ou seja, de que podemos falar ... e sistema quântico inexplicável, de que não podemos falar? Quantos elétrons ou átomos ou moléculas formam um "aparato"? A matemática da teoria normal exige essa separação, mas não se exprime acerca dos modos de atuação. Na prática, a questão é resolvida por meios pragmáticos que superaram a prova do tempo, aplicada com discrição e bom gosto, frutos de grande experiência prática. Pois bem, considero que, na realidade, os pais fundadores estavam errados neste ponto...[2]

Note-se que na mecânica clássica o problema da medição não se colocava sob este aspecto, pois se admitia aplicar as leis da física do mesmo modo tanto aos microssistemas quanto aos macrossistemas. Não se pode dizer o mesmo dos microssistemas da mecânica quântica, que ela descreve com suas leis, enquanto em nível macroscópico é possível aplicar as da dinâmica clássica e da termodinâmica. Portanto, o problema colocado

---

1 N. Bohr, The Solvay Meeting and the Development of Quantum Physics, in _____. *La théorie quantique des champs*, New York: Interscience, 1962.

2 J. S. Bell, Speakable and Unspeakable, in _____. *Quantum Mechanics*, Cambridge: Cambridge University Press, 1987.

por Bohr é o da transição das leis da mecânica quântica para as da dinâmica clássica, a qual introduz os conceitos com que formulamos a nossa imagem do mundo.

Hoje podemos entender melhor em que direção seria preciso ir para podermos resolver este problema. A transição do mundo quântico para o nosso mundo dinâmico clássico ocorre através de sistemas dinâmicos instáveis, e o que Bohr chamava linguagem comum na realidade é um "tempo comum": é só graças à existência de um tempo comum que podemos comunicar-nos com a natureza. Quando efetuamos uma medição, devemos ter uma ideia do "antes" e do "depois", e essa ideia deve corresponder ao desenvolvimento dos fenômenos que observamos. Eis aí uma exigência evidente no plano humano. Não poderíamos comunicar-nos com uma pessoa para a qual o nosso futuro fosse o seu passado e o seu futuro, o nosso passado. Para os sistemas dinâmicos instáveis, não podemos mais referir-nos ao tempo quântico tal como se acha associado à equação de Schrödinger, mas devemos usar o tempo associado à evolução das probabilidades como é descrito na solução de Liouville. Neste caso, a direção do tempo resulta enfim das divergências de Poincaré. Em outras palavras, é através dessas ressonâncias que se estabelece um tempo comum ao homem e à natureza. É essa a condição necessária mesma para se ter uma possibilidade de comunicação com a natureza.

A estrutura dual da mecânica quântica devia-se ao fato de que, por um lado, havia a equação de Schrödinger, capaz de descrever a equação das funções de onda, e, por outro, percebia-se a necessidade de introduzir um segundo processo de medição que transformasse a função de onda num sistema estatístico. A "atualização das potencialidades" não é mais um efeito do observador, mas sim da instabilidade do sistema. Mais uma vez, a irreversibilidade não se deve à nossa intervenção na natureza, mas à formulação da dinâmica estendida aos sistemas dinâmicos instáveis.

Como já pudemos observar, a estrutura dual da mecânica quântica tornava essencial o papel do observador. Isso significa a irrupção de um elemento subjetivo, causa principal da insatisfação que Einstein sempre expressou com relação à mecânica quântica. A introdução do observador torna-se incômoda sobretudo quando nos aproximamos da cosmologia. Certamente os efeitos quânticos tiveram um papel essencial nos primeiros momentos do universo: o desenvolvimento da cosmologia quântica exige, pois, uma mecânica quântica "sem observador"; é exatamente esta formulação o ponto de chegada do nosso trabalho.

Insistimos no fato de que o caos quântico é ainda mais fundamental que o caos clássico, no seguinte sentido: vimos que na mecânica clássica tínhamos duas representações do operador de evolução U, a primeira equivalente à descrição em termos de trajetórias, a segunda irredutível em termos de probabilidade, e ressaltamos o fato de que é a possibilidade de incluir a seta do tempo que nos faz preferir a segunda.

Na mecânica quântica, porém, temos ou a descrição dual (equação de Schrödinger mais colapso da função de onda) ou a nossa nova representação, que não só inclui a seta do tempo como permite também ultrapassar o obstáculo dos paradoxos quânticos.

Tentemos formar uma ideia intuitiva do caos quântico. Por que a nossa representação quântica é irredutível? Por que não se pode voltar da descrição quântica em termos de probabilidade ρ à descrição usual em termos de funções de onda Ψ?

Em primeiro lugar, retomemos as principais características do caos clássico. O ponto de partida habitual é o estudo das trajetórias e a observação de que, por causa do tempo de Lyapunov e da divergência exponencial das trajetórias que ele implica, temos instabilidade e caos; fala-se, pois, de "sensibilidade às condições iniciais". O nosso método consiste em ir além dessa constatação e passar a uma descrição estatística da dinâmica clássica. Descobrimos, então, como já foi indicado, que as trajetórias não pertencem ao campo da descrição estatística. Elas são, portanto, eliminadas, não porque comportem dificuldades de cálculo (são, de fato, incalculáveis), mas por razões de princípio. Num sistema caótico, as trajetórias são excluídas da descrição probabilística, na qual já não existem exponenciais em crescendo ligados à distância entre as trajetórias. Os tempos de Lyapunov determinam as vidas médias dos fatores de inomogeneidade, e essa vida média é tanto mais breve quanto mais "complexa" for a sua estrutura (de fato, vimos que o polinômio de Bernoulli de grau n é amortecido tanto mais rapidamente quanto mais elevado for o grau n).

Qual é a situação na mecânica quântica? Nela não há tempo de Lyapunov tampouco uma divergência exponencial entre as funções de onda. Além disso, a função de onda não é uma função singular, como a trajetória (que vimos representada por uma função δ). Nada nos impede de tomar uma função de onda como condição inicial. Qual é a natureza do caos quântico? Estas são interrogações muito interessantes, que estudamos em pormenor.[3] Vamos dar uma ideia delas. Vimos que a distribuição ρ está ligada ao produto $\Psi\Psi^{cc}$ em que Ψ é a função de onda. As ressonâncias de Poincaré acompanham a evolução temporal de Ψ e de Ψ^{cc}: isso significa que algumas ressonâncias podem manifestar-se na solução da equação de Schrödinger, ao passo que outras só se manifestam no nível do produto Ψ^{cc}, ou seja, no nível da probabilidade ρ. Este é o motivo pelo qual a descrição probabilística se torna irredutível. Mesmo se partirmos de uma função de onda bem determinada, devemos levar em conta os efeitos de ressonância que podem ser descritos apenas no nível de ρ. É nisto que consiste o "colapso" da função de onda: os efeitos de ressonância, que dão termos

---

3 Ver as referências no Apêndice.

seculares, variam sistematicamente com o tempo e levam progressivamente o sistema ao equilíbrio. Podemos também procurar determinar a função de onda Ψ no instante t iterando a solução da equação de Schrödinger. Isso corresponde a um cálculo de perturbação "dependente do tempo". Mas também, neste caso, surgem dificuldades totalmente análogas às que se encontram no cálculo de perturbação independente do tempo (que consiste em determinar as autofunções e os autovalores do operador hamiltoniano). Aqui essas dificuldades se manifestam com o aparecimento de termos mal definidos para tempos longos. Todo sentido físico está novamente ligado às ressonâncias de Poincaré, que implicam a presença de termos seculares. Mas para identificar esses termos, são necessárias funções "testes" no nível das probabilidades ρ, que assim nos levam de volta à nossa teoria. Quer na mecânica clássica, quer na mecânica quântica, quer se utilize um método, quer outro, sempre se torna a cair nas mesmas dificuldades, passando na realidade ao nível dos conjuntos estatísticos. Essa grande generalidade baseia-se no fato de que o mecanismo da irreversibilidade ligado às ressonâncias de Poincaré é comum à mecânica tanto clássica quanto quântica. A descrição probabilística que obtemos serve, por assim dizer, de ponte entre as descrições clássica e quântica.

Capítulo 9

Encerremos esta exposição com algumas conclusões gerais. Já insistimos várias vezes sobre a sucessão instabilidade → (caos) → probabilidade → irreversibilidade, e sobre o fato de que, sob certos aspectos, a nossa abordagem segue as intuições geniais de Boltzmann. Hoje sabemos que tal abordagem se aplica à categoria dos sistemas dinâmicos instáveis, e é este ponto que permite evitar as críticas que em seu tempo foram endereçadas a Boltzmann. Em vez de pensar em trajetórias ou funções de onda, pensamos em probabilidades e propriedades dos operadores de evolução: é, com efeito, justamente por meio destas últimas que estamos em condições de unificar a dinâmica e a termodinâmica. Começamos a compreender melhor a lição do segundo princípio da termodinâmica. Por que existe a entropia? Antes, muitas vezes se admitia que a entropia não era senão a expressão de uma fenomenologia, de aproximações suplementares que introduzimos nas leis da dinâmica. Hoje sabemos que a lei de desenvolvimento da entropia e a física do não equilíbrio nos ensinam algo de fundamental acerca da estrutura do universo: a irreversibilidade torna-se um elemento essencial para a nossa descrição do universo, portanto devemos encontrar a sua expressão nas leis fundamentais da dinâmica. A condição essencial é que a descrição microscópica do universo seja feita por meio de sistemas dinâmicos instáveis. Eis aí uma mudança radical do ponto de vista: para a visão clássica, os sistemas estáveis eram a regra, e os sistemas instáveis, exceções, ao passo que hoje invertemos essa perspectiva.

Uma vez obtida a irreversibilidade e a seta do tempo, podemos estudar essa seta em outras rupturas de simetria e no surgimento simultâneo da ordem e da desordem em nível macroscópico. De qualquer forma, em ambos os casos, é do caos que surgem ao mesmo tempo ordem e desordem. Se a descrição fundamental se fizesse com leis dinâmicas estáveis, não teríamos entropia, mas tampouco coerência devida ao não equilíbrio, nem nenhuma possibilidade de falarmos de estruturas biológicas e, portanto, um universo de que o homem estaria excluído. A instabilidade, ou seja, o caos, tem assim duas funções fundamentais: por um lado, a unificação das descrições microscópicas e macroscópicas da natureza, só realizável por meio de uma modificação da descrição microscópica; por outro, a formulação de uma teoria quântica, diretamente baseada na noção de probabilidade, que evita o dualismo da teoria quântica ortodoxa, mas, num plano ainda mais geral, nos leva assim a modificar aquilo que tradicionalmente chamávamos "leis da natureza". Tempos atrás, estas últimas eram associadas ao determinismo e à irreversibilidade no tempo, ao passo que para os sistemas instáveis elas se tornam fundamentalmente probabilísticas e exprimem o que é possível, e não o que é "certo". Isso se mostra particularmente surpreendente se considerarmos que estamos analisando o universo nos seus primeiros instantes de vida: podemos compará-lo a uma criança recém-nascida, que poderia tornar-se um arquiteto, músico ou bancário, mas não pode ser todos esses personagens ao mesmo tempo. A lei probabilística contém, evidentemente, flutuações e até bifurcações.

No início desta exposição, mencionamos o problema das duas culturas. A ciência clássica nasceu sob o signo do dualismo. Numa das suas *Respostas às terceiras objeções* (ou seja, na resposta à segunda objeção, sobre a segunda meditação, intitulada *Da natureza do espírito humano*), Descartes confirma contra Hobbes a distinção entre duas substâncias, o corpo e o espírito, que nos são conhecidas pelos atos ou acidentes que lhes são próprios:

> Existem certos atos que chamamos *corporais*, como a grandeza, a figura, o movimento e todas as outras coisas que não podem ser concebidas sem uma extensão local, e chamamos *corpo* a substância em que residem ... todos esses atos convêm entre si, uma vez que pressupõem a extensão. Em seguida, existem outros atos que chamamos *intelectuais*, como entender, querer, imaginar, sentir etc., todos os quais convêm entre si nisto que não podem ser sem pensamento ou percepção, ou consciência e conhecimento; e a substância em que residem dizemos ser uma *coisa que pensa* ou um espírito ... o pensamento, que é a razão comum em que eles convêm, difere totalmente da extensão, que é a razão comum dos outros.[1]

Nessa obra, Descartes descreve o contraste evidente entre os primeiros objetos da ciência física que então estava surgindo (como o pêndulo e a pedra que cai) e os atos intelectuais.

A matéria é associada à extensão, ou seja, a uma geometria. É sabido que isso constituiu a ideia central da obra de Einstein, ou seja, a ideia de chegar a uma descrição geométrica da física. Ao contrário, os atos intelectuais são associados ao pensamento, e o pensamento é indissociável da distinção entre "passado" e "futuro", logo da seta do tempo.

---

1 Obbiezioni e riposte [1641]. Terze obbiezioni, in Descartes, Opere filosofiche, v.II, Roma-Bari: Laterza, 1990, p.166ss.

O paradoxo do tempo exprime uma forma de dualismo cartesiano. Num livro muito interessante, do eminente físico matemático inglês Roger Penrose, com o título de *A mente nova do rei*, lemos ali a afirmação de que seria "a nossa atual falta de compreensão das leis fundamentais da física que nos impede de compreender o conceito de 'mente' em termos físicos ou lógicos".[2]

Creio que Penrose tem razão: na imagem que a física clássica dava do universo não havia lugar para o pensamento. O universo nela aparecia como um enorme autômato, sujeito a leis deterministas e reversíveis, nas quais era difícil reconhecer o que para nós caracteriza o pensamento: a coerência ou a criatividade. Penrose crê que para inserir essas propriedades no mundo físico seja necessário concentrar a nossa atenção nos buracos negros e na cosmologia; os buracos negros são aqueles estranhos objetos que, graças a um campo gravitacional intenso, atraem irreversivelmente a matéria (objetos que já Laplace havia imaginado).

Os estudos resumidos nestas minhas páginas mostram que a solução do dualismo cartesiano não exige o recurso direto à cosmologia. No mundo que nos cerca, constatamos a existência de objetos que obedecem a leis clássicas deterministas e reversíveis, mas correspondem a casos simples, quase exceções, como o movimento planetário de dois corpos. De resto, dispomos de objetos a que se aplica o segundo princípio da termodinâmica; eles são, aliás, a imensa maioria. É preciso, pois, que hoje haja, mesmo independentemente da história, uma distinção cosmológica entre estes dois tipos de situação, ou seja, entre estabilidade, por um lado, e instabilidade e caos, por outro.

---

2 R. Penrose, *The Emperor's New Mind*, Oxford, New York: Oxford University Press, 1989 [ed. bras.: *A mente nova do rei*. Rio de Janeiro: Campus, 1993].

Não é que a cosmologia não desempenhe um papel essencial: ao contrário, o *big-bang* indica-nos que existe um instante particular em que a matéria, tal como a conhecemos, surgiu do vácuo quântico. Sempre pensamos que este fosse o fenômeno irreversível por excelência e procuramos analisá-lo em termos de instabilidade: o universo forma um todo uno, e a existência de uma única seta do tempo tem uma origem cosmológica.

Tal seta está ainda presente, e ainda mais presente está o laço íntimo entre irreversibilidade e complexidade. Quanto maiores os níveis de complexidade (química, vida, cérebro), mais evidente é a seta do tempo. Isso corresponde perfeitamente ao papel construtivo do tempo, tão evidente nas estruturas dissipativas que descrevi no começo deste trabalho.

A ciência desempenha um papel fundamental em nossa cultura, e, no entanto, a reação a ela não é unânime. Em *A nova aliança*, eu e Isabelle Stengers citávamos um texto publicado em 1974, por ocasião de um colóquio da Unesco, com o título "A ciência e a diversidade das culturas":

> Há mais de um século, o setor da atividade científica assistiu a um tal crescimento dentro do ambiente cultural que parece figurar como o todo da cultura. Para alguns, isso seria apenas uma ilusão produzida pela velocidade desse crescimento, mas as linhas de força dessa cultura não deveriam tardar a surgir de novo para dominá-la, a serviço do homem. Para outros, esse triunfo recente da ciência confere-lhe finalmente o direito de governar o conjunto da cultura, a qual, pelo contrário, só mereceria o seu título na medida em que se deixasse difundir pelo aparato científico. Outros ainda, por fim, espantados com a manipulação a que os homens e as sociedades estão expostos quando caem sob o poder científico, vêem delinear-se o espectro do desastre cultural.

Prosseguíamos, então, assim:

> O desenvolvimeno científico desemboca então numa autêntica escolha metafísica, trágica e abstrata; "o homem" deve esco-

lher entre a tentação, tranquilizadora mas irracional, de procurar na natureza a garantia dos valores humanos, a manifestação de uma pertença essencial, e entre a fidelidade a uma racionalidade que o deixa só num mundo mudo e estúpido.[3]

Richard Tarnas[4] exprime o mesmo conceito: "A paixão mais profunda da mente ocidental foi de fato a de reunir-se com a razão do seu ser".

É notável observar que os recentes desenvolvimentos resumidos neste meu texto caminhem justamente nessa direção. São o testemunho de como a ciência contemporânea se ampliou até englobar um conjunto de fenômenos que a ciência clássica rejeitara para o âmbito da "fenomenologia" e, no entanto, formam para nós o essencial da natureza. Segundo Einstein, o mais ilustre representante da ciência clássica, para conquistar a harmonia do eterno era necessário ir além do mundo sensível, com seus tormentos e enganos. O triunfo da ciência estaria associado à demonstração de que a nossa vida – inseparável do tempo – seria apenas uma ilusão. Este é, por certo, um conceito grandioso, mas também profundamente pessimista: a eternidade não conhece mais eventos, mas como se pode dissociá-la da morte?

A mensagem deste meu livro, porém, quer ser otimista. A ciência começa a estar em condições de descrever a criatividade da natureza, e o tempo, hoje, é também o tempo que não fala mais de solidão, mas sim da aliança do homem com a natureza que ele descreve.

---

3 I. Prigogine, I. Stengers, *La nouvelle alliance*, Paris: Gallimard, 1979. (Citado segundo a reedição de 1986 na coleção Folio, p.61-2.) [ed. bras.: *A nova aliança*, Brasília: Editora da UnB, 1997].

4 R. Tarnas, *The Passion of the Western Mind*, New York: Harmony Books, 1991. p.443.

Apêndice

Teoria espectral e caos

Gostaria de apresentar aqui, de modo mais sistemático, algumas noções utilizadas no texto. Não procurei o rigor, mas tentei reunir as noções a resultados que são familiares e indicar referências em que o leitor pode encontrar desenvolvimentos suplementares ou demonstrações.

1 As duas formulações da dinâmica clássica

Em primeiro lugar, temos a formulação em "trajetórias". A mais importante (ver os Capítulos 3 e 5) é a hamiltoniana. A hamiltoniana $H(p,q)$ é a energia expressa em quantidades de movimentos p e coordenadas q. Uma vez dado $H(p,q)$, as trajetórias decorrem da equação de Hamilton.

$$\frac{dq}{dt} = \frac{\partial H}{\partial p} \qquad \frac{dq}{dt} = -\frac{\partial H}{\partial p} \qquad (A.1.1)$$

Estas trajetórias traçam-se no espaço das fases (q,p).

Em vez de considerar as trajetórias individuais, podemos passar a uma descrição probabilística (ver Capítulo 7). Em todas as obras de mecânica estatística[1] se demonstra que a probabilidade ρ obedece à equação de Liouville.

$$\frac{\partial \rho}{\partial t} = -\frac{\partial H}{\partial p}\frac{\partial \rho}{\partial q} + \frac{\partial H}{\partial q}\frac{\partial \rho}{\partial p} \tag{A.1.2}$$

Pode ser útil introduzir uma formulação em termos de operadores e multiplicar (A.1.2) por $i = \sqrt{-1}$. Teremos, portanto:

$$i\frac{\partial \rho}{\partial t} = L\rho \tag{A.1.3}$$

onde L é o operador linear:

$$L = -i\frac{\partial H}{\partial p}\frac{\partial}{\partial q} + i\frac{\partial H}{\partial p}\frac{\partial}{\partial q} \tag{A.1.4}$$

Uma vez que conhecemos ρ, podemos calcular o valor médio de cada grandeza mecânica $A(p,q)$

$$\langle A \rangle = \int dp \; dp \; A(p, q)\rho \tag{A.1.5}$$

Para discutir a equação de Liouville, introduzamos a noção de espaço de Hilbert. Num primeiro momento, ele foi estudado na mecânica quântica,[2] e em seguida aplicado por Koopman[3] à mecânica clássica.[4]

---

1 R. Balescu, *Equilibrium and Non-Equilibrium Statistical Mechanics*, New York: Wiley, 1975.

2 J. von Neumann, *Mathematical Foundations of Quantum Mechanics*, Princeton: Princeton University Press, 1955 [1932].

3 B. Koopman, Hamiltonian Systems and Transformations in Hilbert Space, in *Proceedings of the National Academy of Science of the USA*, v.17, p.315, 1931.

4 I. Prigogine, *Non-Equilibrium Statistical Mechanics*, New York: Wiley, 1961.

Indiquemos algumas propriedades do espaço hilbertiano. Ele supõe a existência de um produto escalar (f^x é o complexo conjugado de f)

$$\langle f \,|\, g \rangle = \int dx\, f^x(x)\, g(x) \qquad (A.1.6)$$

e de uma norma

$$\|f\| = \sqrt{\langle f \,|\, f \rangle} \geq 0 \qquad (A.1.6')$$

A condição $<f\,|f> = 0$ implica $f = 0$.

O espaço hilbertiano é, portanto, formado pelas funções de quadrado somável (a variável de integração x é substituída pelas coordenadas e pelos momentos, quando se considera o espaço das fases).

Um operador no espaço de Hilbert transforma uma função desse espaço em outra.

$$\Theta f = g$$

O operador *adjunto* Θ^+ é definido pela relação

$$\langle \Theta f \,|\, g \rangle = \langle f \,|\, \Theta^+ g \rangle \qquad (A.1.7)$$

Um operador é *autoadjunto* (ou hermitiano) quando

$$\Theta = \Theta^+ \qquad (A.1.8)$$

Existem também as condições sobre o domínio, de que não nos ocuparemos aqui.[5]

---

5 Ver, por exemplo, o clássico F. Riesz, B. Sz-Nagy, *Functional Analysis* [1955], reedição Dover 1991.

Um operador *isométrico* conserva a norma de uma função

$$\langle \Theta f | \Theta f \rangle = \langle f | f \rangle \qquad (A.1.9)$$

Quando o operador isométrico admite um inverso Θ^{-1}, ou seja,

$$\Theta\Theta^{-1} = \Theta^{-1}\Theta = 1 \qquad (A.1.10)$$

em que 1 é o operador unidade, o operador Θ é unitário

$$\Theta^+ = \Theta^{-1} \qquad (A.1.10')$$

pois a fórmula (A.1.9) nos dá

$$\Theta\Theta^+ = \Theta^+\Theta = 1 \qquad (A.1.11)$$

O operador de Liouville L (A.1.4) é hermitiano justamente como resulta partindo do produto escalar (A.1.5) no espaço das fases

$$\langle f | g \rangle = \int dp \, dq \, f^x(q, p) g(q, p) \qquad (A.1.12)$$

Temos pois

$$L = L^+ \qquad (A.1.13)$$

A solução da equação de Liouville é

$$\rho(t) = e^{-iLt}\rho(0) \qquad (A.1.14)$$

O operador de evolução $U = e^{-itL}$ é unitário

$$U^+ = U^{-1} = e^{iLt} \qquad (A.1.15)$$

A fórmula (A.1.14) descreve um *grupo dinâmico*

$$\rho(t_1 + t_2) = e^{-iL(t1 + t2)}\rho(0) = \rho(t_1)\,\rho(t_2)$$

$$(t_1, t_2 \text{ positivos ou negativos}) \qquad (A.1.16)$$

A direção do tempo não influi minimamente. Introduza-se uma base ortonormal no espaço de Hilbert. É um conjunto de funções U_i que nos permite representar uma função arbitrária F de tal espaço em termos dessas funções

$$F = \Sigma c_n\, u_n \qquad (A.1.17)$$

A ortonormalidade é expressa pelas condições

$$\langle u_i | u_i \rangle = \delta_{ij} \begin{array}{ll} = 1 & i = j \\ = 0 & i \neq j \end{array} \qquad (A.1.18)$$

Multipliquemos (A.1.17) para u^x_m e tomemos o produto escalar (A.1.15). Para (A.1.18), obtemos

$$c_m = \langle u_m | F \rangle$$

Todo elemento do espaço de Hilbert pode aparecer indiferentemente à esquerda ou à direita num produto escalar. De acordo com uma notação introduzida por Dirac,[6] podemos escrever u_n como um "vetor *bra*"

$$\langle u_n$$

ou um "vetor ket"

$$u_n \rangle$$

---

6 P. Dirac, *The Principles of Quantum Mechanics*, Oxford: Oxford University Press, 1958.

O produto escalar torna-se um produto de um "bra" e de um "ket" $\langle u_n \mid u_m \rangle$. A relação (A.1.17) pode ser escrita de modo mais transparente

$$F\rangle = \Sigma\, c_n\, u_n\rangle = \Sigma\, c_n\rangle\, \langle u_n \mid F\rangle \qquad (A.1.19)$$

Dado que a nossa relação permanece válida para qualquer $F\rangle$, obtemos a relação de completude (*completness relation*)

$$1 = \Sigma\, u_n\rangle\, \langle u_n \qquad (A.1.20)$$

No texto, usamos bases biortonormais $u_n\rangle$, $\tilde{u}_n\rangle$ como

$$\langle \tilde{u}_i \mid u_j \rangle = \delta_{ij} \qquad (A.1.21)$$

$$\underset{n}{\Sigma}\, \tilde{u}_n\rangle\, \langle u_n = 1 \qquad \underset{n}{\Sigma}\, u_n\rangle\, \langle \tilde{u}_n = 1 \qquad (A.1.22)$$

Exprimamos um operador numa base ortonormal (ou biortonormal). Coloquemos

$$\langle u_\mu \mid A u_\nu \rangle = A_{\mu\nu} \qquad (A.1.23)$$

Teremos então a representação de A na base escolhida

$$A = \underset{\mu\nu}{\Sigma}\, A_{\mu\nu}\, u_\mu\rangle\, \langle u_\nu \qquad (A.1.24)$$

que é facilmente verificável.

Da mesma forma, utilizando uma base biortonormal, obtém-se

$$A = \Sigma\, A_{\mu\nu}\, u_\mu\rangle\, \langle \tilde{u}_\nu \qquad A_{\mu\nu} = \langle \tilde{u}_{\mu\nu} \mid A u_\nu \rangle \qquad (A.1.25)$$

O conjunto dos elementos $A_{\mu\nu}$ forma uma matriz; temos, pois, uma representação matricial do operador A.

Passemos ao problema dos autovalores e das autofunções dos operadores no espaço de Hilbert. Levemos em consideração o operador de Liouville e procuremos satisfazer a equação

$$L\ \varphi_\lambda\rangle = \lambda\varphi\rangle \qquad (A.1.26)$$

Os autovalores λ podem ser contínuos[7] ou discretos.[8]

Um teorema fundamental prova que os autovalores de operadores hermitianos são "reais" no espaço de Hilbert.[9] Além disso, o conjunto das autofunções forma um sistema ortonormal. Decorre daí que os autovalores do operador de evolução $U_t = e^{-iLt}$ são de módulo unidade.

$$U_t\ \varphi_\lambda\rangle = e^{-i\lambda t}\ \varphi_\lambda\rangle \qquad (A.1.27)$$

Agora podemos exprimir L ou U_t, com as suas autofunções. A matriz $L_{\mu\nu}$ (ver A.1.23) torna-se diagonal e podemos escrever

$$L = \sum_\lambda \varphi_\lambda\rangle \lambda \langle\varphi_\lambda \qquad (A.1.28)$$

Da mesma forma

$$U_t = \sum_\lambda \varphi_\lambda\rangle e^{-i\lambda t} \langle\varphi_\lambda \qquad (A.1.29)$$

Esta é a representação espectral do operador de Liouville e do operador de evolução correspondente U_t.

O operador de evolução U_t só contém frequências correspondentes a osciladores. Isto parece constituir um obstáculo

---

7 J. von Neumann, op. cit.

8 P. Dirac, op. cit.

9 J. von Neumann, op. cit.

a toda teoria microscópica dos fenômenos irreversíveis, mas conseguiremos eliminá-lo passando a espaços generalizados (*rigged Hilbert spaces*, na terceira parte deste Apêndice). Agora podemos dar a solução formal da equação de Liouville (A.1.14). Desenvolvemos $\rho(0)$ em funções φ_l e obtemos

$$\rho(t) \ \rangle = \sum_\lambda \varphi_\lambda \ \rangle \, e^{-i\lambda t} \langle \ \varphi_\lambda \mid \rho(0) \rangle \qquad (A.1.30)$$

ou seja, a segunda formulação probabilística da dinâmica clássica. Nos casos simples (sistemas integráveis, ver o Capítulo 5 do texto[10]), é possível construir as autofunções e os autovalores. Mas em geral sempre topamos com as divergências de Poincaré. Temos apenas teoremas de existência.[11]

A formulação da dinâmica clássica em termos de trajetória e de ρ no espaço de Hilbert são absolutamente equivalentes. Nada nos impede de partir de uma trajetória correspondente a uma função $\delta(p - p_0)\delta(q - q_0)$ no espaço das fases. O produto escalar

$$\langle \varphi_\lambda(q, p) \mid \delta(q - q_0)\delta(p - p_0) \rangle = \varphi_\lambda(q_0, p_0) \qquad (A.1.31)$$

é bem definido e $\rho(t)$ reduz-se igualmente a uma função δ ou $\delta(q - q(t))\delta(p - p(t))$, onde $q(t)$, $p(t)$ são as soluções das equações de Hamilton (ver o meu trabalho citado na nota 4 deste Apêndice). O elemento novo está no fato de que, no caso dos sistemas caóticos, existe uma segunda representação dos operadores L e U nos espaços generalizados, que, desta vez, *é irredutível à descrição em termos de trajetória*, pois a representação espectral exclui as trajetórias representadas por funções singulares.

---

10 I. Prigogine, op. cit.
11 Ver F. Riesz, B. Sz-Nagy, op. cit.

As leis do caos

2 As duas formulações da mecânica quântica

Aludimos diversas vezes à mecânica quântica (especialmente nos Capítulos 3 e 4). Vimos que nesse campo a grandeza fundamental é a amplitude Ψ, que obedece à equação de Schrödinger

$$i\hbar \, \frac{\partial \Psi}{\partial t} = H_{op} \Psi \qquad (A.2.1)$$

Essa equação substitui as equações de Hamilton (A.1.1); H_{op} é a hamiltoniana em que os operadores tomaram o lugar das variáveis clássicas, por exemplo:

$$q \rightarrow q_{op} \quad P \rightarrow p_{op} = \frac{\hbar}{i} \, \frac{\partial}{\partial q} \qquad (A.2.2)$$

Os momentos p tornam-se, pois, operadores de derivação. Foi a propósito da mecânica quântica que se desenvolveu a teoria do espaço hilbertiano:[12] note-se a analogia entre (A.2.1) e (A.1.3); H_{op} é um operador hermitiano no espaço de Hilbert; observe-se, além disso, que na "representação" coordenada q (para A.2.2), os momentos não são variáveis independentes.

Consideremos o problema do ponto de vista dos autovalores dos E_n (a comparar com A.1.26)

$$H_{op} \, u_n \rangle = E_n \, u_n\rangle \qquad (A.2.3)$$

que são os níveis de energia do sistema e formam uma série discreta (espectro discreto) ou contínua (espectro contínuo). Os níveis de energia são reais e as autofunções constituem um sistema ortonormal completo. Usando a notação "bracket" introduzida por Dirac em 1958, poderemos pois escrever para a função de onda no instante inicial $\Psi(0)$ (ver A.1.19)

---

12 I. Prigogine, op. cit.

$$\Psi(0)\rangle = \Sigma \; u_n\rangle \; \langle un \mid \Psi(0)\rangle \qquad (A.2.4)$$

e (ver A.1.30)

$$\Psi(t) = U(t)\Psi(0) =$$
$$= \Sigma \; u_n\rangle e^{-iEnt/\hbar}\langle u_n \mid \Psi(0)\rangle \qquad (A.2.5)$$
$$= \Sigma \; c_n \; e^{-iEnt/\hbar} \; u_n\rangle$$

Esta relação já foi indicada no Capítulo 6. Naquele contexto, discutimos o significado físico dos coeficientes c_n, de que obtemos a "potencialidade" correspondente ao estado u_n.

Exatamente como no caso clássico, podemos passar a uma descrição probabilística. Vimos (Capítulo 7) que a probabilidade (também chamada matriz-densidade), sendo dada por $\rho = \Psi\Psi^x$, é uma amplitude de probabilidade. Partindo de (A.2.1), verifica-se imediatamente que ρ satisfaz a equação

$$i\frac{\partial p}{\partial t} = H\rho - \rho H \qquad (A.2.6)$$

o equivalente quântico de (A.1.2), e que podemos igualmente escrever como (ver A.1.3)

$$i\frac{\partial p}{\partial t} = L\rho \qquad (A.2.7)$$

No caso dos sistemas integráveis (ou seja, aqueles em que podemos resolver o problema com autovalores, ver A.2.3), as duas formulações de mecânica quântica em (A.2.1) e (A.2.6) são equivalentes (as autofunções do operador quântico L são produtos de autofunções de H e dos autovalores das diferenças). Mas já não é assim no caso do "caos quântico". Como no caso clássico, obtemos então uma representação irredutível a funções de onda, e isto nos espaços generalizados.

3 Espaços generalizados

No Capítulo 1, vimos que os operadores hermitianos L ou H_{op} têm autovalores reais. Essa propriedade baseia-se essencialmente nas propriedades do espaço hilbertiano e em especial na existência da norma (A.1.6).

Para obter uma teoria espectral complexa de operadores hermitianos, é preciso passar a espaços generalizados não normalizados, não raro chamados *"rigged Hilbert spaces"*.[13] No espaço de Hilbert, um operador unitário tem autovalores de módulo 1 (ver A.1.27 e A.2.5 $||e^{-i\lambda t}|| = 1$), enquanto nos espaços generalizados esses autovalores podem ser de módulo diferente de 1 (por exemplo, da forma $e^{-i\lambda t - \gamma t}$, onde λ e γ são reais). É isso que permite a introdução da irreversibilidade na descrição dinâmica. Portanto, para nós, a consideração dos espaços generalizados é fundamental. Neste Apêndice, indicaremos algumas propriedades essenciais (para mais detalhes, ver a nota 13). Na seção imediatamente seguinte a esta, aplicaremos essas noções aos exemplos de Bernoulli e do padeiro estudados no texto.

A ideia essencial é a de preservar o produto escalar:

$$\langle f | \varphi \rangle = \text{finito} \qquad (A.3.1)$$

mas, neste caso, f pode ser uma função singular, por exemplo a função $\delta(x - x_0)$ não pertencente ao espaço de Hilbert, com a condição de que φ seja uma função suficientemente regular (função teste) pertencente a uma subclasse do espaço hilbertiano. Chamamos $L2$ a classe das funções pertencente ao espaço de Hilbert (ou seja, de quadrado somável, ver A.1.6), Φ a

---

13 A. Böhm, *Quantum Mechanics*, Berlin: Springer, 1986; A. Böhm, M. Gadella, *Dirac Kets, Gamow Vectors and Gelfand Triplets*, Berlin: Springer, 1989.

classe das funções testes e $\Phi+$ a classe das funções singulares f; obteremos então

$$\Phi \subset L_2 \subset \Phi^+ \qquad (A.3.2)$$

Eis o célebre tripleto de Gel'fand. Podemos definir a ação do operador Θ sobre f graças a (ver A.1.7). Mais precisamente, esta é a "extensão" do operador Θ de L_2 a Φ^+.

$$\langle \Theta f \mid \varphi \rangle = \langle f \mid \Theta^+ \varphi \rangle \qquad (A.3.3)$$

Esta definição tem um sentido com a condição de que a função $\Theta^+\varphi$ permaneça no espaço teste Φ.

Podemos, assim, definir as autofunções "de direita":

$$\Theta \mid f \rangle = z \mid f \rangle \ ou \langle \varphi \mid \Theta f \rangle = z \langle \varphi \mid f \rangle \qquad (A.3.4)$$

e depois as "de esquerda"

$$\langle \ \widetilde{f} \mid \Theta = z \langle \widetilde{f} \mid ou \ melhor \ \langle \ \widetilde{f} \mid \Theta\varphi \rangle = z \langle \widetilde{f} \mid \varphi \rangle \qquad (A.3.5)$$

O exemplo clássico de aplicação dos espaços generalizados é o problema espectral associado ao operador no domínio $-\infty \langle x \langle +\infty...$ Daí resulta:

$$-\frac{d^2}{dx^2} e^{-ikx} = k^2 \, e^{-ikx} \qquad (A.3.6)$$

As autofunções são, portanto, e^{ikx} e os autovalores k^2.

As autofunções e^{ikx} não pertencem ao espaço de Hilbert, pois

$$\int_{-\infty}^{+\infty} dx \, e^{ikx} \, e^{-ikx} = \infty \qquad (A.3.7)$$

em contradição com (A.3.1).

Ao contrário, o produto escalar com uma função teste deve ser

$$\int_{-\infty}^{+\infty} d\alpha\, e^{ikx}\varphi(x) = \left\langle e^{ikx} \mid \varphi \right\rangle = \text{finito} \qquad (A.3.8)$$

Além disso, queremos que as expressões (A.3.3) sejam bem definidas e que os operadores Θ sejam operadores de multiplicação x^n ou de derivação $\dfrac{d^n}{dx^n}$ (como ocorre na mecânica quântica).

Veremos que isso exige em primeiro lugar que as funções testes $\varphi(x)$ sejam infinitamente deriváveis e, em segundo lugar, que decresçam bastante rapidamente para $x \to \pm\infty$. Essas funções testes que formam uma subclasse do espaço de Hilbert são chamadas "funções Schwartz".

Concluamos com uma importante observação: vejamos o efeito do operador de evolução U_t sobre f. Para (A.3.3), obtemos

$$\langle U_t f \mid \varphi \rangle = \langle f \mid U_t^+ \varphi \rangle \qquad (A.3.9)$$

Essa expressão encontrará uma definição perfeita se U_t^+ permanecer no espaço teste. Nos sistemas caóticos, veremos que geralmente esta condição não pode ser satisfeita de uma só vez para $t > 0$ e $t < 0$. Isto leva à destruição do grupo dinâmico (A.1.16) e à sua substituição por dois semigrupos, um dos quais válido para $t > 0$ e o outro para $t < 0$: esta é a expressão matemática da ruptura da simetria temporal.[14]

4 Sistemas caóticos

Voltemos agora aos dois exemplos estudados no texto: o deslocamento de Bernoulli e a transformação do padeiro. Tra-

---

14 I. Antoniou, I. Prigogine, Intrinsis Irreversibility and Integrability of Dynamics, *Physica*, v.192A, p.443, 1993.

ta-se de sistemas caóticos caracterizados por um expoente de Lyapunov. Estudemos num primeiro momento as propriedades espectrais do operador de evolução no deslocamento de Bernoulli.

Lembremos que as equações do movimento (que aqui substituem as de Hamilton A.1.1) são:

$$x_{n+1} = 2x_n \quad \text{per} \quad 0 < x < \frac{1}{2}$$
$$= 2x_{n-1} \quad \frac{1}{2} \leq x < 1 \qquad \text{(A.4.1)}$$

Partamos da identidade variável para uma trajetória (representada por uma função δ)

$$\delta(x - f(x_0)) = \int_0^1 dy \; \delta(x - f(y))\delta(y - x_0) \qquad \text{(A.4.2)}$$

Tomemos para $f(x)$ a transformação (A.4.1) e apliquemos (A.4.2) a um conjunto de trajetórias – que volta a substituir $\delta(y - x_0)$ para $\rho_n(y)$.

Teremos:

$$\rho_{n+1}(x) = \int_0^1 dy \; \delta(x - f(y))\rho_n(y)$$
$$= \frac{1}{2}\left[\rho_n\left(\frac{x}{2}\right) + \rho_n\left(\frac{x+1}{2}\right)\right] = U\rho_n(x) \qquad \text{(A.4.3)}$$

Esta fórmula define o operador de Perron-Frobenius para o deslocamento de Bernoulli.

Podemos também definir o operador adjunto U^+.

Utilizando (A.1.71), demonstra-se[15] que

$$U^+ f(x) = \quad f(2) \quad 0 < x < \frac{1}{2}$$

$$f(2x-1)\frac{1}{2} \leq x < 1 \qquad (A.4.4)$$

ou, de modo mais compacto

$$U^+ f(x) = \quad f(2x)\Theta\left(\frac{1}{2} - x\right) + f(2x-1)\Theta\left(x - \frac{1}{2}\right) \qquad (A.4.5)$$

com

$$\Theta(y) = 1 \quad y > 0$$
$$= 0 \quad y \leq 0$$

O operador U^+ é um operador "isométrico" e, portanto, muito próximo dos operadores unitários de evolução da mecânica clássica ou quântica (ver A.1.15 e a segunda seção deste Apêndice). Os operadores unitários também admitem um inverso.

Mas existe uma diferença essencial, o operador U^+ não admite representação espectral no espaço de Hilbert:[16] este é um teorema rigoroso. Aliás, é fácil verificar que não há nenhuma função contínua, além de uma constante, em condiçoes de verificar a relação

$$U^+ f(x) > \lambda \, f(x) > \qquad (A.4.6)$$

---

15 P. Shields, *The Theory of Bernoulli Shifts*, Chicago: University of Chicago Press, 1973.

16 H. Hasegawa, W. Saphir, Decaying Eigenstates for Simple Chaotic Systems, *Physics Letters*, v.A/161, p.471, 1992; P. Gaspard, G-adic one-dimensional maps and the Euler Summation formula, *Journal of Physics*, A, v.25, L483, 1992; I. Antoniou, S. Tasaki, Spectral Decomposition of the Renyi Map, *Journal of Physics*, A: Math. Gen. 26, p.73, 1993.

Devemos, pois, voltar nossa atenção para os espaços generalizados. Ao contrário, podemos verificar que a função singular $\tilde{B}_1(x) = [\delta(x-1) - \delta(x)]$ é uma autofunção de U^+ e que se obtém:

$$U^+\tilde{B}_1 x >= \frac{1}{2}\tilde{B}_1(x) >$$ (A.4.7)

(dado que se trata de uma função singular, esta relação deve ser considerada conjuntamente com uma função teste, como em A.3.4).

Demonstramos[17] que geralmente se obtém

$$U^+\tilde{B}_n x >= \frac{1}{2^n}\tilde{B}_n(x) >$$ (A.4.8)

com

$$\tilde{B}_n(x) > = \begin{cases} 1 & n = 0 \\ \dfrac{(-1)^{n-1}}{n^1} [\delta^{(n-1)}(x-1) - \delta^{(n-1)}(x)] & n \geq 1 \end{cases}$$ A.4.9)

$$\text{com} \quad \delta^n(x) = \frac{d}{dx^n}\delta(x)$$ (A.4.9)

Nos espaços generalizados, o operador isométrico tem, portanto, muitos autovalores de módulo diferente da unidade (ver a terceira parte deste Apêndice), que neste caso estão ligados ao tempo de Lyapunov e, portanto, descrevem fenômenos irreversíveis ligados à tendência ao equilíbrio.

Os autovalores correspondentes a (A.4.8) são e^{-nlg2}.

---

17 P. Shields, op. cit.

Comparando autovalores no espaço de Hilbert com a forma $e^{i\lambda n}$ (em que n desempenha o papel do tempo), observamos que λ é puramente imaginário. Este é um exemplo de *teoria espectral complexa*.

Consideremos agora o operador U.

No Capítulo 4, já verificamos que

$$U\left(x - \frac{1}{2}\right) = \frac{1}{2}\left(x - \frac{1}{2}\right)$$

Na realidade, $x - \dfrac{1}{2}$ é um polinômio de Bernoulli. Em geral, obtemos[18]

$$U\, B_n(x) = \frac{1}{2^n}\, B_n(x) >$$ (A.4.10)

Por fim, verificamos que as funções $B_n(x)$, $\tilde{B}_m(x)$ formam um sistema binormal (ver A.1.21, A.1.22) e completo.[19] Portanto, podemos escrever a representação espectral de U *e de* U^+:

$$U = \Sigma \frac{1}{2^n} B_n(x)\rangle \langle \tilde{B}_n(x)$$ (A.4.11)

$$U^+ = \Sigma \frac{1}{2^n} \tilde{B}(x)\rangle \langle \tilde{B}_n(x)$$ (A.4.12)

Perguntemo-nos a qual classe de funções pertencem as probabilidades ρ para as quais é possível escrever (ver Capítulo 4):

$$\rho(x) = \Sigma\ B_n(x)\rangle \langle \tilde{B}_n | \rho \rangle$$ (A.4.13)

---

18 Ibidem.
19 Ibidem.

A partir de (A.4.9), vemos que uma condição suficiente é que o espaço teste seja formado por polinômios $P_m(x)$ de grau arbitrário m. Este espaço teste é "estável" para a evolução U, pois a expressão (A.4.4) mostra que um polinômio de grau m permanece tal também com a aplicação de U. Como já foi ressaltado no texto, a necessidade de utilizar funções testes (nesse caso, polinômios) elimina as trajetórias. A representação probabilística é, portanto, "irredutível".

Consideremos como segundo exemplo a transformação do padeiro, já descrita no Capítulo 3. Mais precisamente, temos as "equações do movimento"

$$(x, y) \rightarrow \begin{cases} 2x & , \dfrac{1}{2} & 0 \le x \le \dfrac{1}{2} \\ 2x - 1 , \dfrac{y+1}{2} & \dfrac{1}{2} < x \le 1 \end{cases} \tag{A.4.13}$$

A diferença com o caso do deslocamento de Bernoulli consiste na existência de uma transformação inversa, obtida permutando-se x e y. A partir das "equações do movimento" (A,4,13), obtemos a expressão explícita de U e de U^+:

$$U \rho(x, y) = \rho\left(\frac{x}{2}, 2y\right)\Theta\left(\frac{1}{2} - y\right) + p\left(\frac{x+1}{2}, 2y - 1\right)\Theta\left(y - \frac{1}{2}\right)$$

$$\tag{A.4.14}$$

$$U^+ \rho(x, y) = p\left(2x, \frac{y}{2}\right)\Theta\left(\frac{1}{2} - x\right) + p\left(2x - 1, \frac{y+1}{2}\right)\Theta\left(x - \frac{1}{2}\right)$$

$$\tag{A.4.15}$$

Observemos algumas propriedades que, em seguida, se mostrarão importantes. No exemplo anterior, vimos que no caso de Bernoulli os polinômios formam o espaço teste. Levemos em consideração funções da forma:

$$\rho(x,y) = P(x)\, \varphi(y) \tag{A.4.16}$$

onde $P(x)$ é um polinômio em x e $\varphi(y)$, uma função integrável (por exemplo, uma função do espaço hilbertiano). Logo constatamos que essa forma é estável para U, mas não para U^+.

Analogamente, a classe das funções

$$\rho(x,y) = \varphi(x)\, P(y) \qquad (A.4.17)$$

é estável para U^+ e não para U.

A transformação do padeiro é um sistema dinâmico propriamente dito. O operador de evolução é unitário ($U^+ = U^{-1}$).

Portanto, U admite uma representação espectral no espaço de Hilbert

$$U = \sum_{k=-\infty}^{-\infty} f_k(x, y) \,\rangle\, e^{ik} \langle\, f_k(x, y) \qquad (A.4.18)$$

mas, além disso, existe uma representação irredutível nos espaços generalizados, que escreveremos (para simplificar, desdenhamos os efeitos de degeneração em espectro[20])

$$U = \sum F_n(x, y) \,\rangle\, \frac{1}{2^n} \langle\, \tilde{F}_n(x, y) \qquad (A.4.19)$$

Os autovalores são os mesmos de (A.4.11), sempre ligados ao tempo de Lyapunov. A diferença essencial está no fato de que agora $F_n >$ e $\sim\! F_n >$ são ao mesmo tempo funções singulares.

Em suma[21]

$F_n(x,y) \sim$ polinômio em x, x distribuição em y

---

20 I. Prigogine, *From Being to Becoming*, New York: Freeman, 1980; H. Hasegawa, W. Saphir, Unitary and Irreversibility in Chaotic Systems, *Physical Review*, v.A 46, p.7401, 1993; I. Antoniou, S. Tasaki, Spectral Decomposition of the b-adic Baker Map and Intrinsic Irreversibility, *Physica*, v.190 A, p.303, 1992.

21 Ibidem.

$\tilde{F}_n(x, y)$ ~distribuição em x, x polinômio em y (A.4.20)

Consideremos a probabilidade ρ; as funções F_n e $\tilde{F}n$, formando um conjunto ortonormal, permitem-nos escrever:

$$\rho = \sum F_n \rangle \langle \tilde{F}_n | \rho \rangle \qquad (A.4.21)$$

Com isso, teremos para o valor médio de uma função $A(x,y)$ (um "observável")

$$\langle A \rangle = \langle A | \rho \rangle = \sum \langle A | F_n \rangle \langle \tilde{F}_n | \rho \rangle \qquad (A.4.22)$$

Sendo F_n e $\tilde{F}_n$ distribuições, é preciso que A e ρ façam parte de espaços testes adequados. A partir de (A.4.16), vemos que é necessário que

ρ ~ polinômio em x, x função integrável em y

A ~ função integrável em x, x polinômio em y

$$(A.4.23)$$

A primeira condição exclui novamente as trajetórias $\delta(x - x_0)\,\delta(y - y_0)$, pois $\delta(x - x_0)$ não é um polinômio em x.

A segunda condição reduz os observáveis a funções contínuas em y. Já observamos no texto que esta é uma condição necessária para que se possa falar de tendência ao equilíbrio. Estudemos a evolução no tempo por meio da aplicação do operador U (para $t > 0$) a ρ ou a (A). Para isso, devemos considerar

$$\langle A \mid U\,F_n \rangle = \langle U^+ A \mid F_n \rangle \qquad (A.4.24)$$

Esta é uma expressão perfeitamente definida, porque U^+ (ver A.4.15 – A.4.17) preserva a classe dos polinômios em y.

Do mesmo modo, $UF_n\rangle$ preserva a forma (A.4.16). Podemos, portanto, usar (A.4.17) para estudarmos a evolução "na direção do futuro", mas não na direção do passado, para o que devemos usar o operador $U^{-1} = U^+$.

Em vez de (A.4.24), obtemos então

$$\langle A \mid U^+ F_n \rangle = \langle U A \mid F_n \rangle \qquad (A.4.25)$$

e UA não preserva o espaço teste (A.4.19).

Trata-se de resultados fundamentais, pois:

1) a representação é irredutível;

2) o grupo dinâmico U_t decompõe-se em dois semigrupos, um dos quais para o futuro e o outro para o passado.

Podemos dizer também que $F_n\rangle$ se orienta para o futuro e $\widetilde{F}_n\rangle$, para o passado: é a ruptura da simetria temporal que mencionamos frequentemente no texto.

5 Teoria espectral do caos e leis da natureza

A partir de (A.1.2), observa-se que toda possibilidade que é só da hamiltoniana $\varphi(H)$ leva a $\dfrac{\partial\varphi}{\partial t} = 0$. Em outras palavras, (ver A.1.3)

$$L\varphi = 0 \qquad (A.5.1)$$

φ é uma autofunção de L, que corresponde a um autovalor nulo. Chamam-se "ergódicos" os sistemas dinâmicos como (A.5.1) que admitem só a solução $\varphi(H)$. A função φ é uma constante sobre a superfície $H(p, q) = E$. Para simplificar, tomaremos $\varphi = 1$.

Os sistemas "mistos" [*mixing*], também chamados *mistura* [*à mélange*], caracterizam-se pelo fato de que para tempos longos ($t \to +\infty$ ou $t \to -\infty$) os valores médios $\langle A \rangle$ dos observáveis tendem para os seus valores médios sobre a superfície $H = E$.

Portanto, a 1 dimensão

$$\int dx\, A\,(x)\, \rho\,(x,\,t) = \int dx\, A\,(x)\, \varphi = \int dx\, A\,(x),\, t \to \pm\infty \quad (A.5.2)$$

A condição para os sistemas mistos é que o espectro de L para $\lambda \neq 0$ (A.1.25) seja contínuo.[22]

O caos exige as condições mais restritivas: a definição usual requer a existência do tempo de Lyapunov (ou, mais geralmente, uma "entropia" de Kolmogorov-Sinai[23]).

Tal definição, porém, depara com dificuldades quando se aplica a grandes sistemas, como os LPS clássicos ou quânticos (a entropia de Kolmogorov-Sinai é divergente). É este o motivo pelo qual adotamos a definição mais geral.

Os sistemas dinâmicos são caóticos quando o seu operador de evolução admite uma representação irredutível.

Na quarta seção, usamos sistemas simples.

Tenha-se em mente que esta definição se aplica também aos sistemas quânticos.[24] A vantagem que ela traz consiste na ligação entre caos e irreversibilidade, na medida em que, como vimos pelos exemplos (para a teoria geral, ver Capítulo 2, nota

---

22 T. Petrosky, I. Prigogine, *Alternative Formulation* cit., p. 146.

23 Ibidem.

24 T. Petrosky, I. Prigogine, Poincarés Theorem and Unitary Transformations for Classical and Quantum Theory, *Physica*, 147A p.439, 1988. I. Prigogine, *From Being to Becoming*, New York: Freeman, 1980; H. Hasegawa, W. Saphir, Unitary and Irreversibility in Chaoctic Systems, *Physical Review*, v.A 46, p.7401, 1993; I. Antoniou, S. Tasaki, Spectral Decomposition of the b-adic Baker Map and Intrinsic Irreversibility, *Physica*, v. 190A, p.303, 1992.

13), o grupo unitário de evolução temporal se cinde em dois semigrupos, um para o futuro e o outro para o passado.

Portanto, para os sistemas caóticos, as leis dinâmicas são probabilísticas e irreversíveis. Essa é a extensão das leis da natureza, conclusão essencial destas reflexões.

SOBRE O LIVRO

Formato: 14 x 21 cm
Mancha: 23 x 44,5 paicas
Tipologia: Gatineau 10,5/14
Papel: Pólen Soft 80 g/m^2 (miolo)
Cartão Supremo 250 g/m^2 (capa)
1ª edição: 2002

EQUIPE DE REALIZAÇÃO

Coordenação Geral
Sidnei Simonelli

Edição de Texto
Olivia Frade Zambone (Assistente Editorial)
Carlos Villarruel (Preparação de Original)
Ana Luiza Couto, Fábio Gonçalves
e Janaína Estramaço (Revisão)

Editoração Eletrônica
Lourdes Guacira da Silva Simonelli (Supervisão)
Edmílson Gonçalves (Diagramação)

Rua Xavier Curado, 388 • Ipiranga - SP • 04210 100
Tel.: (11) 2063 7000 • Fax: (11) 2061 8709
rettec@rettec.com.br • www.rettec.com.br